KB150281

최신 중국요리

한국산업인력공단의 새 출제기준 100% 반영

최신 중국요리

복혜자 · 여경옥
정순영 · 전혜경
이수정 · 김경애
김을순 · 김병숙
양성진 · 서정효

교문사

머리말

중국은 우리에게 친근하지만 국토가 우리의 몇 배나 되며 13억 인구의 거대한 이웃나라입니다. 우리나라 사람들이 한식 다음으로 좋아하는 음식 또한 중국음식이지만 음식문화는 우리와 확연한 차이가 있습니다.

중국음식은 55개 이민족이 광활한 국토에서 생산되는 다양한 식재료를 사용하여 불, 기름, 전분 등으로 기름에 튀기거나 볶는 조리법이 대다수입니다. 반면에 한식은 콩을 이용한 자연 가공장류인 된장과 간장 등을 이용한 나물류와 전류 등이 대표 음식이면서 밥 등의 주식류와 수십여 개의 음식 조리법으로 각각 다르게 만들어집니다.

이 책에 실린 중국음식은 가장 기본적인 중국음식이며, 한국산업인력관리공단에서 시행하는 중식조리기능사 출제 기준에 따른 실기 문제를 수록하였습니다. 특히 2015년 1월 시행된 추가 4개 문항과 7월부터 시행되는 신규 2개 문항까지 수록되어 있습니다.

이 책을 보는 모든 분들이 국가자격시험 중식조리기능사에 합격하도록 저자들이 그동안 교육 현장이나 외식업계의 일선에서 가르치고 만들며 서비스해 온 기능과 실력을 바탕으로 하여 상세하고 체계적으로 수록하였습니다. 또한, 대학에서 이론으로 중국음식문화를 학생들에게 가르치고 시험문제로 출제하여 학생들이 상식과 교양으로 인지할 수 있도록 간략히 기술하였습니다. 부디 이 책이 모든 분들께 합격의 기쁨을 선사하고 창업이나 가정에서 좋은 안내서가 되길 기대하겠습니다.

출판해주신 교문사 사장님과 정용섭 부장님, 책의 편집을 위해 수고해 주신 직원 분들께 감사드립니다. 음식을 멋진 사진으로 창조해 주신 이광진 교수님께도 감사드립니다.

2015년 2월

저자 일동

차례

중식조리기능사 **시험 안내**

자격 정보

1) 개요

중식조리 부문에 배속되어 제공될 음식에 대한 계획을 세우고 조리할 재료를 선정, 구입, 검수하고 선정된 재료를 적정한 조리기구를 사용하여 조리 업무를 수행한다. 음식을 제공하는 장소에서 조리시설 및 기구를 위생적으로 관리, 유지하고, 필요한 각종 재료를 구입, 위생학적, 영양학적으로 저장 관리하면서 제공될 음식을 조리 · 제공하기 위한 전문인력을 양성하기 위해 자격제도를 제정하여 1982년부터 시행하기 시작하였다.

2) 수행직무

중식조리 부문에 배속되어 제공될 음식에 대한 계획을 세우고 조리할 재료를 선정, 구입, 검수하고 선정된 재료를 적정한 조리기구를 사용하여 조리업무를 수행함 또한 음식을 제공하는 장소에서 조리시설 및 기구를 위생적으로 관리, 유지하고, 필요한 각종 재료를 구입, 위생학적, 영양학적으로 저장 관리하면서 제공될 음식을 조리하여 제공하는 직종이다.

3) 진로 및 전망

식품접객업 및 집단 급식소 등에서 조리사로 근무하거나 운영이 가능하다. 업체간, 지역간의 이동이 많은 편이고 고용과 임금에 있어서 안정적이지는 못한 편이지만, 조리에 대한 전문가로 인정받게 되면 높은 수익과 직업적 안정성을 보장받게 된다. 식품위생법상 대통령령이 정하는 식품접객영업자(복어조리, 판매영업 등)와 집단급식소의 운영자는 조리사 자격을 취득하고, 시장 · 군수 · 구청장의 면허를 받은 조리사를 두어야 한다.

관련법 : 식품위생법 제34조, 제36조, 같은 법 시행령 제18조, 같은 법 시행규칙 제46조

4) 실시기관

한국기술자격검정원(http://t.q-net.or.kr)

5) 시험 수수료

- 필기 : 11,900 원
- 실기 : 28,500 원

6) 출제경향

- 요구 작업 내용 : 지급된 재료를 갖고 요구하는 작품을 시험 시간 내에 1인분을 만들어내는 작업
- 주요 평가내용 : 위생상태(개인 및 조리과정), 조리의 기술(기구취급, 동작, 순서, 재료다듬기 방법), 작품의 평가, 정리정돈 및 청소

7) 시험과목

- 필기 : 식품위생 및 법규, 식품학, 조리이론과 원가계산, 공중보건
- 실기 : 중식조리작업

8) 검정방법

- 필기 : 객관식 4지 택일형, 60문항(60분)
- 실기 : 작업형(60분 정도)
- 합격기준 : 필기 · 실기 100점을 만점으로 하여 60점 이상
- 응시자격 : 제한 없음

실기 출제 기준

1) 기초 조리 작업(식재료별 기초 손질 및 모양 썰기)

식재료를 각 음식의 형태와 특징에 알맞도록 손질할 수 있다.

2) 전채요리

- 주어진 재료를 사용하여 요구사항대로 오징어 냉채를 조리할 수 있다.
- 주어진 재료를 사용하여 요구사항대로 해파리 냉채를 조리할 수 있다.
- 주어진 재료를 사용하여 요구사항대로 양장피 잡채를 조리할 수 있다.
- 기타 전채요리를 조리할 수 있다.

3) 튀김요리

- 주어진 재료를 사용하여 요구사항대로 라조기를 조리할 수 있다.
- 주어진 재료를 사용하여 요구사항대로 깐풍기를 조리할 수 있다.
- 주어진 재료를 사용하여 요구사항대로 난자완스를 조리할 수 있다.
- 주어진 재료를 사용하여 요구사항대로 새우케찹볶음을 조리할 수 있다.
- 주어진 재료를 사용하여 요구사항대로 홍쇼두부를 조리할 수 있다.
- 주어진 재료를 사용하여 요구사항대로 탕수육을 조리할 수 있다.
- 주어진 재료를 사용하여 요구사항대로 탕수조기를 조리할 수 있다.
- 주어진 재료를 사용하여 요구사항대로 짜춘권을 조리할 수 있다.
- 기타 튀김요리를 조리할 수 있다.

4) 볶음요리

- 주어진 재료를 사용하여 요구사항대로 채소볶음을 조리할 수 있다.
- 주어진 재료를 사용하여 요구사항대로 마파두부를 조리할 수 있다.
- 주어진 재료를 사용하여 요구사항대로 고추잡채를 조리할 수 있다.
- 주어진 재료를 사용하여 요구사항대로 부추잡채를 조리할 수 있다.
- 기타 볶음요리를 조리할 수 있다.

5) 수프류

- 주어진 재료를 사용하여 요구사항대로 생선완자탕을 조리할 수 있다.
- 주어진 재료를 사용하여 요구사항대로 달걀탕을 조리할 수 있다.
- 기타 수프류를 조리할 수 있다.

6) 면류

- 주어진 재료를 사용하여 요구사항대로 물만두를 조리할 수 있다.
- 기타 면류를 조리할 수 있다.

7) 후식류

- 주어진 재료를 사용하여 요구사항대로 고구마탕을 조리할 수 있다.
- 주어진 재료를 사용하여 요구사항대로 옥수수탕을 조리할 수 있다.
- 기타 후식류를 조리할 수 있다.

8) 담기

적절한 그릇에 담는 원칙에 따라 음식을 모양 있게 담아 음식의 특성을 살려 낼 수 있다.

9) 조리작업관리

- 조리복 · 위생모 착용, 개인위생 및 청결 상태를 유지할 수 있다.
- 식재료를 청결하게 취급하며 전 과정을 위생적으로 정리정돈하며 조리할 수 있다.

수험자 공통 유의 사항

1) 조리 순서

조리작품 만드는 순서는 틀리지 않게 하여야 한다.

- 숙련된 기능으로 맛을 내야 하므로 조리 작업 시 음식의 맛을 보지 않는다.
- 지정된 수험자 지참 준비물 이외의 조리기구나 재료를 시험장 내에 지참할 수 없다.
- 지급 재료는 시험 전 확인하여 이상이 있을 경우 시험위원으로부터 조치를 받고 시험 도중에는 재료의 교환 및 추가 지급은 하지 않는다.

2) 채점 대상에서 제외되는 경우

다음과 같은 경우에는 채점 대상에서 제외한다.

- 시험 시간 내에 과제 두 가지를 제출하지 못한 경우 : 미완성
- 시험 시간 내에 제출된 과제라도 다음과 같은 경우
  - 문제의 요구 사항대로 작품의 수량이 만들어지지 않은 경우 : 미완성
  - 해당 과제의 지급 재료 이외의 재료를 사용한 경우 : 오작
  - 구이를 찜으로 조리하는 등과 같이 조리 방법을 다르게 한 경우 : 오작
  - 불을 사용하여 만든 조리 작품이 작품 특성에 벗어나는 정도로 타거나 익지 않은 경우 : 실격
  - 가스레인지 화구를 2개 이상 사용한 경우 : 실격
  - 시험 중 시설 · 장비(칼, 가스레인지 등) 사용 시 감독위원 및 타 수험자의 시험 진행에 위협이 될 것으로 감독위원 전원이 합의하여 판단한 경우 : 실격
- 항목별 배점은 위생상태 및 안전 관리 5점, 조리 기술 30점, 작품의 평가 15점이다.

중식조리기능사 실기 공개 과제

오징어냉채 / **20분**

새우케찹볶음 / **25분**

탕수육 / **30분**

난자완스 / **25분**

깐풍기 / **30분**

양장피잡채 / **35분**

고추잡채 / **25분**

채소볶음 / **25분**

달걀탕 / **20분**

짜춘권 / **35분**

마파두부 / **25분**

홍쇼두부 / **30분**

물만두 / **35분**

빠스옥수수 / **25분**

해파리냉채/ **20분**

라조기 / **30분**

1장_ 중식조리의 이해

중국요리의 개요

중국의 지리적 위치와 환경

중국의 영토는 위도상에서 보면, 북으로 막하 이북의 흑룡강 주도의 중심선인 북위 53° 선에서, 남으로 북위 4° 부근 남사군도의 증모암사에 위치하고 있다. 남북간의 위도 차는 약 50° 나 되며, 그 직선 거리는 약 5,500㎞에 이른다. 중국은 위도상에서 이렇게 다양한 기후대로 구성되어 있기 때문에 다각경제를 발전시키는 데 유리하다. 경도상에서 보면 동으로는 흑룡강과 우수리강이 만나는 지점인 동경 73° 선에, 서로는 신강 위글자치구 서부의 파미르고원 부근의 동경 135° 선에 위치하고 있다. 동서의 경도 차는 62° 이고, 그 거리는 약 5,200㎞이다.

중국은 한족과 소수민족 등 총 56개의 다문화로 이루어져 있고, 인구는 13억 명(세계 1위)이며, 면적은 약 960만㎢(세계 4대 국가)이다. 수도는 베이징(북경)이다. 또한 중국의 내륙 국경선은 약 22,800㎞로써, 북한 · 러시아 · 몽고 · 카자흐스탄 · 키르기스 · 다지크 · 아프가니스탄 · 파키스탄 · 인도 · 네팔 · 부탄 · 시킴 · 미얀마 · 라오스 · 베트남 등 15개국과 접경을 이루고 있으며, 인접 국가로는 한국 · 일본 · 필리핀 · 말레이시아 · 싱가폴 · 인도네시아 · 태국 · 캄보디아 · 방글라데시 등이 있다. 이러한 지리적 환경은 중국의 경제 발달과 함께 음식문화가 세계로 빠르게 뻗어나가 발달할 수 있는 견인적인 역할을 하였다.

중국의 음식 문화

중국인의 주식은 쌀과 밀가루를 위주로 한다. 남방 사람들은 미판(米飯: 쌀밥), 니앤까오(年 : 중국식 설 떡) 등과 같이 쌀밥이나 쌀로 만든 음식을 즐겨 먹는다. 북방 사람들은 만터우(饅頭: 소가 없는 찐빵), 라오빙(烙餅: 중국식 밀전병), 빠오즈(包子: 소가 든 찐빵), 화쥐앤(花卷: 돌돌 말아서 찐 빵), 미앤탸오(面條: 국수), 쟈오즈(餃子: 만두) 등과 같은 밀가루로 만든 음식을 즐겨 먹는다.

중국인의 부식은 돼지, 생선, 닭, 오리, 소, 양고기와 채소, 콩으로 만든 식품을 위주로 조리하여 먹는다. 그러나 각 지역 사람들의 입맛과 특징이 다르기 때문에 조리법과 맛에 있어서 주식보다 훨씬 차이가 많이 난다. 일반적으로는 "남쪽은 달고, 북쪽은 짜며, 동쪽은 맵고, 서쪽은 시다(南甛 北咸 東辣 西酸)."는 중국음식에 대한 내력이 있다. 즉 남방 사람은 단것을 즐겨 먹고, 북방 사람은 짠맛을 즐기며, 산동(山東) 사람은 파 등의 매운맛을 좋아하고, 산서(山西) 일대의 사람은 식초를 즐겨 먹는다고 한다.

중국인의 밥 먹는 습관은 하루 세끼이고, "아침은 적당히 먹고, 점심은 배불리 먹으며, 저녁은 적게 먹는 것(早上吃好, 中午吃飽, 晩上吃少)"을 중시한다. 일상적인 식사는 비교적 실속있게 하고, 경축 휴일의 식사는 비교적 풍성하게 한다.

중국인들은 그들의 삶 자체가 음식문화적이라 해도 지나치지 않을 정도로 음식에 대한 철학과 자부심이 대단하다. 13억의 방대한 중국인의 음식에는 아직도 철저한 계급 차이가 있으며, 부자가 되면 우선 음식을 잘 먹고 체면과 허영을 위해 비싼 요리집에서 비싼 가격의 음식을 손님에게 대접하는 것을 최고의 가치로 생각한다. 중국인들은 상대방에게 자신의 속을 쉽게 내보이지 않는 이중성을 갖고 있으나, 음식과 인간관계를 중요하게 생각하며 약식동원사상을 믿고 있고 음양오행설의 철학을 중시하며 생활화하고 있다. 또한 중국음식은 약식동원의 개념 아래 식단이 작성되었고 젓가락과 주발을 사용하였으며 보존식품을 사용하는 요리기술의 특징이 있다.

중국의 명절문화와 생활[1)]

1911년 신해혁명 후 건립된 중화민국정부가 세계적으로 통용되는 양력을 채용하면서 양력 1월 1일을 '신년' 또는 '원단'으로 명명하였고 중국의 신년(양력설)은 양력 1월 1일이며 원단이라고 한다. 전통 명절인 음력 정월 초하루는 '춘절'로 불렀기 때문이며, 현재 중국이나 대만에서 모두 사용하고 있다. 중국인들에게 있어서의 진정한 '설'은 바로 음력 1월 1일(양력 1월 하순에서 2월 중순)인 춘절이다. 춘절은 한 해를 마감하고 새로 시작한다는 의미로써 '과년'이라고도 하는데, 이 춘절은 중국인들이 가장 중요시하고 가장 마음 편하게 지내는 명절로 중국에서는 공식적으로 3일간의 연휴가 있지만 지방별로 10일에서 2주 이상 쉬는 곳도 있다. 특히 이때에는 세계의 토픽뉴스 감으로 전 중국이 귀성인파로 몸살을 앓는 것이 연례행사처럼 되었는데, 각 지방에 흩어졌던 가족들이 고향의 집에 모여 조상에 제사도 지내고 1년의 안녕을 기원하기 위해 대이동을 하기 때문이다. 물론 중국이 개혁개방을 표방하고 그 결실을 보기 시작하는 1980년대말에 와서야 비로소 많은 중국의 가정에서 춘절다운 춘절을 지내게 되었으며, 그 이전에는 중국인 전통문화로서의 춘절은 대만이나 홍콩 등에서나 경험할 수 있었다.

춘절

춘절(春節)은 그 시기가 추운 겨울이 물러갈 채비를 하는 동시에 봄이 올 것을 알리는 계절에 상접하기 때문에 중국인들은 이 시기에 천지신명과 조상신들에게 제사를 지내며 오곡이 풍성해질 것과 가족의 평온을 기원해 왔다. 보통 음력 12월이면 춘절의 들뜬 분위기가 점점 농후해지고, 전통습관에 따라 음력 12월 8일에는 곡식의 풍성함을 기원하며 8가지 곡식으로 만든 랍팔죽(동지팥죽)을

1) 자료 : 중국문화원(http://www.cccseoul.org)

먹는다. 이 랍팔죽은 쌀, 좁쌀, 쌀, 수수, 붉은 콩, 대추, 호두, 땅콩 등을 함께 끓여 만든 음식인데, 재료에서 보듯이 온갖 곡식이 다 들어 있어 '오곡이 풍성하길' 기원하는 의미가 담겨 있다. 또한 음력 12월 23일은 왕신(조왕신)에게 제사를 지내는 날로서 부엌에 조왕신상을 걸고 엿을 바친다. 이는 조왕신이 달짝지근하고 맛있는 엿을 먹은 후 하늘의 상제에게 보고할 때 그 집주인에 대해 좋은 이야기를 하여 많은 운을 가져오게 한다는 믿음에서 비롯되었으나, 현재에는 많이 생략하는 추세이다.

춘절 때에는 각 가정마다(특히 농촌) 방을 장식하고 집안을 청소하며 연화(年畵) 등을 붙인다. 연화의 종류는 각양각색으로 과거에는 통통한 어린애가 물고기를 안고 있는 그림이나 용주(龍舟) 경기 그림 등이 자주 사용되었다. 이 풍습은 '사의(思義)'라고도 하는데 귀신을 쫓는 그림을 집안에 붙이는 데에서 유래되었으며, 동물이나 기타 생물체의 그림을 붙이기도 한다. 오곡의 풍성함과 행운을 비는 각종 그림을 그려 대문에 붙이는 연화의 소재는 매우 다양하다.

춘절 음식

중국인들도 한국의 설처럼 춘절 음식을 준비하는데 대단히 풍성하고 각 지방마다 특징이 있다. 대표적인 춘절 음식으로는 만두(饅頭), 두포(豆泡: 팥빵), 연고(설떡), 점심(點心), 미주(米酒), 미화당(美花糖: 쌀엿), 두부(豆腐), 전퇴(煎堆: 전병), 유각(油角: 튀김과자) 등이 있다.

춘련

춘련(春聯)은 축복하는 말로써 대문의 양쪽에 붙이는데, 붉은 바탕에 검은색 또는 황금색으로 글씨를 쓴다. 내용은 '世世平安日, 年年如意春' 등이다. 더불어 신춘과 관련된 '對聯句'나 '門神像' 혹은 '福' 자 등을 문 앞에 붙이는데, 관례적으로 빨간 종이에 먹붓을 사용한다. 그 이유는 춘절의 기운을 살리면서 들뜬 분위기와 좀 더 나은 생활에 대한 희망을 나타내기 위함이다.

제석

음력 12월 31일, 춘절의 하루 전날 밤을 '제석(除夕)'이라고 하는데, 전 가족이 함께 연야반(年夜飯)을 즐긴다. 연야반을 먹은 후에는 전 가족이 모여 앉아 담소하고, 바둑, 마작, 옛날이야기 등을 즐기며 어떤 가정은 밤을 새기도 하는데, 이를 가리켜 수세(守歲)라 한다. 12시 자정이 되면 거의 모든 가정에서 동시에 폭죽을 터뜨리는데, 아파트 옥상에 올라 그 광경을 보면 꼭 걸프만 전쟁 때의 바그다드 공습과 같을 정도이다. 또한 이 시각이 춘절의 분위기가 최고조에 이르는 시점이기도 하다. 춘절 첫날 아침에 북방 사람들은 대부분 교자(餃子)를 먹는데, 교자의 '교'는 교체를 나타내는 '교(交)'와 중국어 음이 같다. 따라서 교자는 신구가 교체된다는 것을 나타낸다. 또한 만두 속에 돈이나 사탕 혹은 땅콩 등을 넣어서 그것을 골라먹는 사람에게 새해에 특별한 복이 올 것이라는 놀이를 하기도 한다. 남방 사람들은 탕원(湯圓: 알심이를 넣은 탕)이나 설떡(연고)를 먹는다. 연고의 발음이 연고(年高)와 같아서 새해에 발전이 있을 것이라는 의미를 담고 있다. 아침 춘절 음식을 먹고 난 후에는 식구가 절을 나누고 이웃이나 친지를 방문하는 배년(拜年: 새해 인사)을 한다.

멀리 있는 사람에게는 연하장을 보내고, 어린 아이 혹은 손아래 사람이 절을 할 때면, 새뱃돈(壓歲錢, 紅包라고도 함)을 준다.

원소절

춘절의 마지막 하이라이트인 정월 대보름날(음력 1월 15일)을 '원소절(元宵節)'이라 하는데 '등절'이라 칭하기도 한다. 장등(長燈) · 관등(觀燈) · 시등미(猜燈謎) 등의 놀이를 하며, 원소를 먹고 민간의 화회를 구경하는 풍습이 있다. 그리고 원소절에는 연등놀이도 하는데, 불교의 연등회에서 기원한 풍습이라고 하며, 혹은 불(火) 숭배와 관련이 있다고도 한다. 사서의 기록에 의하면 당(唐) 현종(玄宗) 때는 100척이나 되는 높은 가지에 100개의 등을 밝혔다는 기록도 있다. 장등의 의미는 '여민동락(與民同樂)', '천하태평'을 기원하는 것으로, 당대에는 3일간(14-16일), 북송대에는 5일간(14-18일), 명대에는 무려 10일간(8-17일)을, 청대는 황궁에서는 7일간, 민간에서는 4일간(13-16일) 등을 밝혔다고 한다. 등의 종류도 다양해서 각종 재료 · 모양 · 장식이 수반되는데, 모두 지역적 특색을 담고 있다.

원소 먹기

원소절에는 원소 먹기 놀이를 한다. '원소'를 먹는 이유는 '온 가족이 모여 화목하게 지낸다'는 것에 있다. 북방에선 먼저 속을 조그맣게 뭉쳐 알심을 만들어 끓는 물에 살짝 익힌 다음, 바로 건져내서 찹쌀가루에 올려놓고 이리저리 굴려 옷을 입히고, 이를 반복하여 동그랗게 만든다. 남방식은 찹쌀가루에 살짝 물을 떨어뜨려 알심을 만든 다음 속을 넣어 익힌다. 들어가는 속은 매우 다양해서 콩고물 · 대추 혹은 새우 · 햄 · 생선살 · 야채 등이 있는데, 끓이거나 튀기거나 쪄서 익힌다.

또, 원소절에는 화회라는 놀이를 하는데, 이는 원래 묘당에서 공연하던 민간 전통예술로, 근자엔 원소절을 전후로 도처에서 공연한다. 화회는 1천여 년의 역사를 지니고 있는데 점차 용무(龍舞: 용춤) · 사무(獅舞: 사자춤) · 고교 · 한선(旱船) · 앙가(秧歌) · 대소차회(大小車會) 등으로 다양하게 발전했다. 각지마다 독특한 풍격을 지니고 있으며, 그중 북경 화회가 유명하다. 용춤은 '용등무(龍燈舞)'로서 대나무와 천으로 용 모양을 만들어 사람이 속에 들어가 춤을 춘다. '사자춤'도 사자 옷을 뒤집어쓰고 사자의 용감한 자태를 춤으로 표현하는 것이다. 춘절 때에는 대부분의 정부부처 및 공공기관이 쉰다.

중국요리의 일반적 특징

- 재료의 선택이 광범위하고 자유롭다. 상어지느러미, 제비집 같은 특수 재료를 요리재료로 이용한다.
- 기름을 많이 사용하지만 센 불로 최단시간에 볶아내며 음식의 수분과 기름기가 분리되는 것을 방지하기 위해 녹말을 많이 사용한다.

- 조리기구가 간단하고 사용이 쉽다.
- 조리법이 다양하다. 뚱, 조우, 탕, 차오, 자, 젠, 먼, 카오, 둔, 웨이, 쉰, 정 등 여러 가지 조리법이 있다.
- 맛이 다양하고 풍부하다. 단맛, 신맛, 매운맛, 짠맛, 쓴맛 등의 오미를 갖춘 요리법이 많다.
- 조미료와 향신료의 종류가 풍부하여 외양이 풍요롭고 화려하다.
- 중국요리는 한 그릇에 한 가지 요리를 전부 담아낸다. 사람이 많으면 요리의 양을 늘리지 않고 요리의 가짓수를 늘린다.
- 지역이 넓어 산간, 평원, 사막, 바닷가, 강가 등 동서남북의 지역에 따라 요리법과 사용하는 향신료의 차이가 크다.
- 중국은 동서남북으로 나뉘는데, '동랄서산남첨북함(東辣西酸南甛北鹹)'이라고 해서 동쪽은 매운맛, 서쪽은 신맛, 남쪽은 단맛, 북쪽은 짠맛이 강한 요리를 만든다.

중국요리의 식단 작성 요령과 식단의 종류

중국음식에서는 식단 구성(메뉴)을 채단(菜單)이라 하며, 음식의 종류를 짝수로 맞추어 상차림의 격식을 갖춘다. 메뉴의 구성은 크게 전채, 두채, 주채, 탕채, 면점, 첨채, 과일로 구성되어 코스 상차림으로 나온다.

전채

맨 먼저 나오는 전채요리는 입맛을 돋우는 냉채요리로 차게 요리해서 낸다. 전채요리는 색 · 맛 · 향이 어울려 앞으로 먹을 음식에 호감을 갖고 식감을 눈으로 보며, 또한 식초의 신맛으로 입맛을 자극하여 먹고 싶은 충동을 일게 하는 처음에 나오는 요리이다.

두채

샥스핀이나 제비집 등 고급 재료가 중심이 되는 요리이다. 냉채 바로 다음에 내는데, 따뜻한 국물과 부드러운 재료의 맛으로 인해 목을 부드럽게 하여 앞으로 먹을 요리가 잘 넘어가도록 하는 탕요리이다.

주채

해물요리가 첫 번째 메인요리로 나온다. 주로 해삼, 새우, 도미, 패주,

오징어, 우럭 등을 사용하여 재료 본래의 맛을 즐길 수 있도록 찜이나 튀김으로 요리하여 낸다.
두 번째는 고기요리가 나오는데 쇠고기, 돼지고기, 닭고기, 오리고기 등을 사용해 요리한다. 주로 돼지고기를 이용한 요리가 많다.

두부요리

생선이나 고기 요리 다음에 두부요리가 나온다.

탕채

맑은 탕이 주로 나오는데, 우리나라는 식사 바로 앞에 주로 나온다.

면점

쌀이나 밀가루로 만든 식사가 나온다. 면으로 된 음식이나 만두, 포자 등이 나온다.

첨채

요리를 다 먹은 뒤 후식으로 내는 음식이다. 맛이 달아 몸을 편안하게 하는데 뜨겁거나 차게 해서 낸다.

과일

맨 마지막으로 과일을 낸다.

중국의 식사 예절

중국에서의 식탁은 가운데 원판이 돌아가게 되어 있어 개인 접시를 놓고 순서대로 돌려 각자 덜어 먹는다. 가정에서는 주로 주인이 담아주고 음식점에서는 서빙하는 직원이 덜어준다. 한 식탁에 6, 8명이 둘러앉아서 식사를 한다. 음식은 여러 사람의 분량이 한 그릇에 담겨 나온다. 중국은 예로부터 홀수를 싫어하고 짝수를 좋아해서 그날의 주빈은 상석(입구에서 가장 먼 자리)에 앉고 주인은 주빈 옆이나 문 옆에 앉아 손님의 시중을 든다. 음식점에서는 자리만 그렇게 앉고 시중은 직원이 든다. 연회가 시작되면 주인은 감사의 인사를 하고 손님에게 술을 따라주고 건배를 하는데, 두 손으로 잔을 받치고 잔을 살짝 들어 보인 후 마신다.

우리나라의 술문화처럼 잔을 부딪치지 않으며 가끔씩 첨잔을 하여도 무방하다. 또한 한국처럼 자신이 마셨던 잔을 상대에게 돌리지 않으며 연장자와 함께 마실 때에 고개를 돌리지 않아도 실례가 되지 않는다. 이때에 술을 못 먹는 사람은 입가에 댔다가 내려놓는 것이 예의다.

중국인에게 축배는 단숨에 마시고 술잔을 비우는 것으로 되어 있다. 음식이 나오면 주인은 주빈에게 음식을 먹으라고 권하고 주빈이 먼저 음식을 먹은 후에 먹는다. 요리를 덜 때는 주빈이 먼저 자기 접시에 조금 덜고 옆사람에게 권한다. 음식을 덜 때는 자기의 앞쪽부터 조금씩 덜어 먹으며 자기가 사용한 젓가락으로 음식을 덜지 않도록 조심해야 한다. 각자 덜어놓은 음식은 깨끗이 다 먹는 것이 좋다. 차는 왼손으로 받치고 두 손으로 마신다.

중국음식의 상차림과 푸드스타일

중국음식의 푸드스타일

서양의 상차림은 식기나 기타 소품으로 코디네이션을 하는 것과는 다르게 중국음식은 음식재료를 이용하여 자체로 멋을 내는 것이 특징이다. 각종 재료를 이용하여 모양을 내거나 조각을 하거나 재료 특유의 색을 살려 화려하고 먹음직스러워 보이도록 한다. 중국음식은 중국 대륙에서 발달한 음식으로 넓은 영토와 바다에서 다양하고 풍부한 식재료를 얻을 수 있었기에 이러한 자원을 이용한 음식이 발달하였다.

오품냉채

랍스타

삼품냉채

테이블의 위치

예로부터 중국은 예의를 중시하였으며, 식사 시에는 매우 엄격한 격식이 있어서 좌석을 정할 때의 명단은 지위 순서에 의하며 개인별로 초청하였을 때는 미리 명단을 식탁에 배치한다. 중식 테이블에서 상석은 남쪽 방향이며 주인과 주빈의 좌석은 서로 마주 보도록 한다.

중국음식의 테이블 세팅

정찬의 경우 보통 10명 정도 둘러앉을 수 있는 원탁으로 준비되며 흰색 테이블보나 은은한 겨자색 테이블보를 깔아 고급스럽게 하며, 중간에는 중국풍의 꽃으로 센터피스를 장식해 중국문화를 엿볼 수 있게 한다. 식기는 귀한 손님을 초청했을 경우 은기를 사용하나 주로 깨끗한 도자기를 사용한다.

식탁에는 간장, 식초, 겨자, 라유 등의 기본 조미료를 올리며 테이블 세팅은 1인분씩하고 가운데 개인 접시, 왼쪽에 국물용 그릇, 오른쪽에 젓가락 · 숟가락을 놓는다. 또한 다양한 소스가 많으므로 소스 개인접시, 볼 등 여유 있는 그릇이 준비되어야 하고, 찻주전자와 찻잔을 함께 세팅하여 기름기 있는 음식을 먹은 후 차를 마셔 지방흡수를 억제하도록 배려해야 한다.

연회음식은 화려함과 호화로움이 중시되며, 식사 형태는 1인분씩을 자기 접시에 담아 먹는다. 예전에는 8인용, 4인용의 4각형 탁자를 사용하였지만 근래에는 원탁을 주로 사용하고 있다. 가운데 부분은 회전식으로 되어 있어 각자가 편하게 알아서 덜어 먹는다. 식기는 공용으로 쓰는 커다란 접시와 각자 쓰는 조그만 접시가 있다. 전통적인 중국 식기는 색상과 문양이 화려하여 그 자체만으로도 눈이 부시다. 또한 중국 특유의 과장되고 화려한 스타일링이 특징인데, 테이블 크로스나 소품에 붉은색과 금색을 주로 사용한다. 숟가락과 젓가락은 오른쪽에 위치하며 다양한 의미를 가진 용, 금붕어 등의 모양으로 이루어진 젓가락 받침을 사용한다.

근래에 와서는 정통 중국음식과 다르게 퓨전음식이 발달하여 현대적인 감각을 살려 깨끗하고 심플하게 흰색 종류의 접시들을 사용하며, 서양의 영향으로 젓가락과 나이프를 같이 놓아 질긴 고기를 잘라 먹을 수 있게 하기도 한다.

중국의 4대 요리

산둥요리(北京料理, 북경요리)

산둥 반도를 중심으로 발달한 요리로 원 · 명 · 청대에는 섬세하고 요리 기술이 뛰어나 궁정요리로까지 발달하였으며, 동북아 여러 나라에도 영향을 끼쳤다. 북경요리는 고온에서 단시간 요리하는 볶음요리가 많으며 재료 본래의 맛을 살리는 특징이 있다. 짠맛, 매운맛, 단맛 등을 잘 살리고 신선하며 짠맛을 중심으로 하는 요리가 발달하였으며 복합적인 맛을 지양한다. 북경요리는 해물과 고기를 많이 사용하는 요리법이 발달되었으며, 대표적인 요리로는 북경오리구이, 홍쇼해삼(紅燒海蔘), 해황해삼(蟹黃海參) 등이 있다. 특히 청나라 때 황실의 요리사 중에 산둥요리사들이 많다. 산둥 지방에는 예부터 밀의 생산이 많아서 주식이 밀로 된 국수나 만두, 빵 등을 주식으로 했으며, 우리나라에 처음 들어온 음식과 조리사도 대부분 산둥요리와 산둥요리사들이다.

중국음식의 상차림

사천요리(四川料理, 서방계 요리)

중국의 내륙에 위치한 사천 지방을 중심으로 발달한 요리로 매운맛을 특징으로 하는 요리가 발달되었다. 사천요리는 고추, 마늘, 파, 산초, 후추 등 조미료나 향신료를 많이 사용하고 후추, 고추,

산초 등의 매운 조미료를 많이 써 맛이 진하며 강하고 매운 요리가 많다. 또한 밑간을 하지 않고 강한 불에서 재빨리 볶아내는 요리가 많으며, 톡 쏘는 맛의 농후한 것이 특징이다. 사천은 매우 습한 기후 때문에 예로부터 요리할 때 반드시 고추와 생강를 사용했다. 마파두부가 매우 유명한데, 아주 오래 전에 성도(成都)에 진(陳)씨 성을 가진 한 부인이 처음 만든 것으로 먹을 때 얼얼하고 달아오르며 바삭바삭하고 말랑말랑한 특수한 맛이 있으며, 겨울에 먹으면 가장 맛있다. 진씨 부인의 얼굴이 곰보라고 하여 이때 만들어낸 두부요리 이름이 곰보아줌마 두부, 즉 '麻婆豆腐'라고 이름을 지었다. 지금은 세계적으로 유명한 중국음식 중에 하나가 되었다. 이외에 포채(泡菜), 궁보계정(宮保鷄丁), 어향육사(漁香肉絲) 등이 대표적이다.

강소요리(上海料理, 상해요리, 동방계 요리)

중국 중앙에 위치한 남경, 상해 등과 양자강을 중심으로 운하의 혜택을 받아 시장형성이 용이하고 재료가 풍부하여 다양한 요리가 발달하였다. 강소요리는 해산물을 즐겨 쓰며 요리기법 중 썰기를 중시하였다. 특히 불의 세기와 가열시간을 엄격히 하여 요리하였으며, 재료 본래의 맛에 중점을 둔 요리가 발달하였다. 남경의 오향간장, 양주의 새우젓갈류, 진강의 식초류 등 특징적인 조미료가 많이 발달하였다. 기후가 좋고 토지가 비옥하여 쌀 요리가 발달하였으며, 간장과 설탕을 많이 쓰는 요리가 발달하여 맛이 진하고 색상이 화려하다. 강소(江蘇), 절강(浙江)요리는 끓이고 푹 삶고 뜸을 들이며 약한 불에 천천히 고는 조리법이 특징이다. 양념을 적게 넣고 재료 본래의 맛을 강조하며 농도가 알맞은데 단맛이 약간 많다. 끓이고 푹 삶는 요리법으로 궁중요리, 표고버섯요리, 장수요리 등이 많이 있다. 강소요리 중 가을에 소주의 양청호에서 나오는 (大閘蟹)털게는 미식가라면 누구나 먹어보았을 정도로 유명하다. 주로 10월에는 수게, 11월에는 암게가 맛이 좋은데 가을이 되면 특히 상해에서 소비가 많다. 수게는 암게보다 크며 속에 膏가 들어 있고 암게에는 알이 꽉 차 있다.

광동요리(廣東料理, 남방계 요리)

중국 남쪽 해안지대를 근간으로 발달한 광동요리는 지역적으로 서구와 교류가 빈번하여 서양식 향신료를 요리에 사용하여 다양한 요리를 발달시켰다. 서구와의 교역은 중국의 요리와 식재료가 세계 여러 나라로 전파되는 계기가 되기도 하였다. 광둥요리는 지지고 튀기며 다시 기름에 볶고 그 후에 소량의 물과 전분을 넣어 만드는 방법의 조리법으로, 신선함, 부드러움, 시원함, 미끄러움을 강조한다. 새 · 곤충 · 뱀 · 원숭이 등의 야생동물에서 바다 속 동물 등에 이르기까지 모두를 요리의 재료로 삼는다. 광둥에서 가장 유명한 것은 '서차이(蛇菜: 뱀요리)'로 이미 2천여 년의 역사를 가지고 있으며, 특히 '룽후떠우(龍虎鬪)'는 국내외에 이름이 널리 알려져 있다. 그것의 주요 재료는 세 종류의 독사와 담비이고, 스물 몇 종의 양념을 적절하게 배합하여 몇 십 가지의 제조공정을 거쳐 만드는데, 육류 요리 중에서 가장 고급요리로 영양가가 매우 높다. 당연히 중국인들이 평상시에 밥을 먹으면서 이상에서 말한 것처럼 늘 그렇게 신경을 쓴다고 할 수는 없지만 기본적인 특징은 일치한다. 중국인들은 집에서 손님 접대하기를 좋아하는데, 그것은 손님에 대한 열정을 표시하는 것

외에도 손님에게 주인이 손수 만든 중국요리의 맛을 보이기 위한 것도 있다고 한다. 우리가 즐겨먹는 딤섬도 광동요리의 일부분인데 딤섬은 만두류나 간단한 음식을 말한다. 광동요리는 요리 중 가장 고급요리에 속하며 식재료의 신선함을 중시 여겨 신선하고 담백한 맛을 특징으로 발달하였으며, 진귀하고 특이한 각종 재료를 사용하는 보신요리가 발달하였다. 광동탕수육, 팔보채 등이 있다.

중국요리와 스토리텔링의 유래

딤섬

딤섬은 한입 크기로 만든 중국 만두로 3천 년 전부터 중국 남부의 광동 방에서 만들어 먹기 시작했다. 표준어로는 点心(diǎnxin), 광둥어 발음으로는 딤섬(dim sam)이라고 하는 요리는 전한(前漢) 시대부터 먹기 시작했으며, 딤섬은 차를 마시면서 곁들이는 간단한 간식 거리였다. 중국에서는 코스요리의 중간 식사로 먹고 홍콩에서는 전채음식, 한국에서는 후식으로 먹는다. 기름진 음식이기 때문에 차와 함께 먹는 것이 좋으며 담백한 것부터 먼저 먹고 단맛이 나는 것을 마지막으로 먹는다. 딤섬의 의미는 중국개혁개방정책 이후, 중국 경제의 발전으로 맞벌이 가정이 늘어나면서 딤섬은 아침식사의 동의어가 되었다. 자녀를 등교시키고 자신도 출근해야하는 사람들은 요리법이 간단하고 빠르게 먹을 수 있는 음식을 찾게 되었고, 딤섬은 사람들의 생활에 깊숙이 스며들었다. 한문으로 쓰면 점심(点心)으로 원래 '마음에 점을 찍는다'는 뜻이지만 간단한 음식이라는 의미로 쓰인다. 모양과 조리법에 따라 부르는 이름이 여러 가지이며 작고 투명한 것은 교(餃), 껍질이 두툼하고 푹푹한 것은 파오(包), 통만두처럼 윗부분이 뚫려 속이 보이는 것은 마이(賣)라고 한다. 대나무 통에 담아 만두 모양으로 찌거나 기름에 튀기는 것 외에 식혜처럼 떠먹는 것, 국수처럼 말아먹는 것 등 여러 가지가 있다. 속 재료로는 새우 · 게살 · 상어지느러미 등의 고급 해산물을 비롯하여 쇠고기 · 닭고기 등의 육류와 감자 · 당근 · 버섯 등의 채소, 단팥이나 밤처럼 달콤한 앙금류 등을 사용한다. 광동요리 속에서 딤섬은 다양한 조리법과 장식을 통해 재탄생된다. 고급 딤섬식당에서는 다양한 재료와 모양을 선보이며 간식으로서의 딤섬, 아침식사로서의 딤섬이라는 고유 개념에서 나아가 고급만찬의 메뉴로 개발되고 있다. 광동 인민정부는 1987년부터 매년 미식절(美食節) 행사를 주최하고 있다. 이 행사의 요리 품평회에는 딤섬 장식 부문이 따로 있다. 이곳에서의 입상은 명예와 돈을 의미하기 때문에 많은 요리사들이 몰려들어 딤섬으로 예술품을 만들어내고 있다. 딤섬은 여러 가지 고기, 해산물, 채소류를 재료로 쓰고, 요리법에 따라 찐 것(蒸), 튀긴 것(炸), 구운 것(煎) 등으로 나뉘며, 디저트 류도 딤섬의 종류에 포함된다. 담백하고 기름지지 않게 찌는 방식으로 조리하는 딤섬의 종류가 가장 다양하다. 가우(餃)는 우리나라에서 보통 말하는 만두이며, 가우지(餃子)를 줄여 부르는 말이다. 하가우(蝦餃)와 시우마이(燒賣)가 대표적인 찐 딤섬에 속한다. 하가우는 싱싱한 새우를 얇고 반투명한 전분피로 감싸 섬세하게 빚은 만두이고, 시우마이는 다진 돼지고기를 달걀과 밀가루 피로 싼 손가락 두 마디만 한 만두 4개가 동그란 대나무 찜통에 나온다. 튀긴 딤으로는 한국에도 잘 알려진 춘권, 닭발을 튀기고 삶아 블랙빈소스로 다시 찐 펑자오(鳳爪), 표고버섯과 새우살, 돼지고기를 소로 넣고 튀겨낸 우곡(芋角), 찹쌀 도넛 안에 돼지고기 소를 넣은 함써이곡(鹹水角) 등이 있다. 빠우(包)는 굽거나 쪄 낸 딤섬을 가리킨다. 찐빵처럼 생긴 '차시우바오(叉燒包)'는 꿀과 붉은 색소를 발라 훈제한 돼지고기인 차시우를 소로 넣는다. 약간 발효시킨 피에 갈은 돼지고기와 야채를 다져 소로 넣으며 기름에 밑 부분만 지져내는 싼진빠우(生煎包)가 있다. 고기 육즙이 같이 들어 있는 샤오롱빠우(小龍包)는 싼진빠우와 함께 상해에서 발달한 딤섬이다.

전가복

요리를 먹음으로써 온 집안에 복이 온다는 뜻이다. 진시황은 유학자들의 학문과 사상을 온갖 방법으로 탄압했는데, 당시 주현(朱賢)이란 유생이 진시황의 모진 탄 압을 피해 산속 동굴에서 숨어 지내며 낮에는 자고 밤에 일어나 풀과 열매를 먹으며 은둔생활을 했다. 몇 년 뒤 진시황이 죽고 그의 아들 호해(胡亥)가 제위에 오르자 주현도 집으로 돌아왔으나 그를 기다리고 있는 것은 다 허물어진 담벼락뿐이었다. 1년 전 큰 홍수와 가난으로 가족들은 뿔뿔이 헤어지게 되어 주현은 크게 실망하고 물속에 뛰어들어 죽을 결심을 하였으나, 어부의 도움으로 목숨을 구하고 천신만고 끝에 가족을 찾게 되었다. 주현의 가족은 마을 사람들을 불러 잔치를 열기로 해, 특별 손님으로 초대 받은 어부는 주현 일가를 위하여 솜씨 좋은 요리사를 초빙했고, 요리사는 천신만고 끝에 다시 만난 주현 일가를 축복하며 산해진미 좋은 재료로 심혈을 기울여 음식을 만들어 마을 사람들이 함께 먹으며 붙인 이름으로 온 가족이 다 모이니 행복하다는 뜻에서 '전가복'이라는 이름을 얻게 되었다.

불도장

불도장은 청나라 광서(光緖) 2년(1876) 복건성 복주의 한 관원인 정준발이 포정사(z政司: 명 · 청대 민정과 재정을 맡아보던 지방 장관) 주련(周蓮)을 집으로 초대하여 연회를 베풀 때 그의 부인이 직접 만든 요리인데 주재료인 암탉, 상어지느러미, 물고기입술, 해삼, 패주, 전복, 돼지족 등을 소홍주 술항아리에 넣고 술, 소금, 파, 생강 등을 넣어 쪄서 만든 요리이다. 관가 요리사인 정춘발(政春發)은 원래 해산물을 많이 사용하는 대신 육류는 적게 사용하여 느끼함을 없애고 은은한 향과 부드러운 맛을 특징으로 하는 요리사였다. 정춘발은 취춘원(聚春園)이라는 음식점을 열어 상인들과 관료, 시인 묵객에게 이 요리를 선보였는데, 어느 날 연회에 참석한 손님 중 한 관원이 이 음식을 가져가 음식 항아리의 뚜껑을 열자 고기와 생선의 풍미가 진동하여 많은 사람들이 그 향기에 취하여 한 고위 관리가 요리의 이름을 묻기에 정춘발이 아직 정하지 못하였노라고 대답했더니, 연회에 참석한 누군가가 그 자리에서 다음과 같은 즉흥시를 지었다고 한다. 그때부터 이 음식을 불도장이라 부르게 되어 100년이 넘도록 지금까지 전해 내려오고 있다.

궁보계정

닭을 사각으로 썰어 요리한 것으로 궁보계정은 아편과 관련이 있는데 청나라 말 아편이 사천 지역에 만연하자 총독 정보정은 금연령을 내리고 다음과 같은 방을 붙였다. '아편을 피우거나 남에게 팔다 적발되면 일률적으로 사형에 처하며, 이를 고발하는 에게는 큰 상을 내릴 것이다.' 며칠 뒤 정보정은 자신의 큰아들인 정군실이 상습적으로 아편을 피우고 아편 매매에 관련이 있다는 투고를 여러 차례 받아 고민하던 중 아무리 자기 아들이라도 사형에 처하지 않으면 금연령이 아무 소용이 없고 아편 밀매도 계속될 것이라고 생각했다. 아들이 울며불며 살려달라고 애걸했지만 결국 사형은 집행되었고, 이 사실을 알리는 방이 나붙어 정보정의 단호한 의지가 백성들에게 알려지게 되었다. 비록 대의를 위해 아들을 죽였지만 정보정도 사람인지라 아들을 잃은 슬픔이 클 수밖에 없었다. 아들 정군실의 시체를 거두어 관에 넣고 장사지내기 전날 밤, 정보정은 잠을 청할 수 없어 아들의 관이 있는 곳을 찾았는데, 아들의 관을 지키는 하인이 관 옆에서 아편을 피우고 있었다. 아들의 관 옆에서 하인이 아편을 피우고 있는 것을 보고 처음엔 화가 머리끝까지 치밀었으나 달리 생각해보니 문제가 그리 단순하지 않다는 생각이 들었다. '아편의 폐해가 내가 생각한 것보다 훨씬 심각하구나. 형벌만으로는 이 문제를 해결할 수 없겠구나. 그렇다면 무슨 좋은 방도가 없을까.' 하는 생각에 정보정은 의욕을 잃고 하릴없이 거실을 거닐며 생각에 잠겼다. 요리사는 정보정이 건강을 해칠까 걱정되어 근심을 해소하고 피로를 풀 수 있는 요리를 만들 궁리를 하게 되었다. 그러나 부엌엔 닭고기와 땅콩 조금, 그리고 피망이 남아 있을 뿐이었다. 요리사는 총독을 위해 정성을 다해 닭고기를 깍둑썰기하고, 땅콩을 기름에 한 번 튀겨낸 뒤 다시 그것들을 피망과 함께 단시간에 볶아 술과 함께 올렸다. 정보정은 마지못해 식탁에 앉아 술을 마시며 젓가락을 들어 먹어보니 뜻밖에 음식이 맛있어서 요리사에게 무슨 요리냐고 물었더니, 막 만들어낸 요리라 이름이 없었기에 난감해진 요리사는 잠시 생각을 했다. 총독을 위해 만든 것이고, 또한 총독의 봉호가 태자 소보인 까닭에 사람들 이 그를 정궁보라고 부르지 않는가. 여기에 생각이 미친 요리사는 궁리 끝에 '궁보계정'이라고 대답했다. '궁보계정'은 정보정의 정치적 성공과 함께 빠른 속도로 사천지방에 퍼지면서 사천의 대표적인 요리가 되었다.

마파두부

중국 청나라 동치("同治)제 때 사천(四川)성 성도(成"s) 북쪽 만복교 근처에 사람들이 요기를 하며 다리를 쉬어가는 작은 가게가 있었다. 가게 주인은 얼굴에 곰보 자국이 있는 여인이었는데, 남편의 성이 진(陣)씨인지라 사람들은 그녀를 진마파라고 불렀다. 이곳을 찾는 손님은 대부분 하층민으로 노동자들이었다. 이들 중에는 기름통을 메고 다니는 노역자들이 있었는데, 하루는 시장에서 두부 몇 모를 가져와 쇠고기 약간과 통 안의 기름을 조금 친 다음 가게 여주인에게 음식을 만들어 달라고 부탁했다. 잘 먹지도 못하고 힘들게 일하는 노역자들을 안타깝게 여기던 진마파는 성의껏 음식을 만들었다. 쇠고기를 다져 기름에 식간에 볶아내고 식욕을 돋우는 고추와 두시 등을 넣은 뒤 다시 육수와 두부를 넣고 조리했다. 이 요리는 노역자들 사이에서 엄청난 환영을 받았다. 마파두부는 입맛을 돋울 뿐 아니라 혈액 순환을 좋게 하여 피로 회복에 효과가 있었다. 이 두부요리를 맛본 노역자들이 다니는 곳마다 진마파의 두부요리를 입소문 낸 덕에 진마파의 마파두부는 금방 유명해졌다. 진마파가 가게를 성도 시내에 열게 되자 더욱 많은 사람이 마파두부를 먹을 수 있게 되었다. 마파두부는 대표적인 사천요리로 꼽힌다.

중국요리의 재료별 조리법에 따른 불의 조절

- 육류는 중간 불에서 한번 튀긴 후 두 번째는 고온에서 잠깐 튀긴다. 채소류나 생선은 고온에서 단시간에 튀겨낸다.
- 조림은 약한 불에서 오래 익힌다. 중간 중간 조림장을 끼얹으며 조린다.
- 탕은 센 불에서 우르르 빨리 끓여야 재료 자체의 맛이 빠져 나가지 않고 맛있다.
- 생선을 찜할 때는 강한 불에서 단시간에 쪄야 맛있다. 육류를 찜할 때는 처음엔 센 불에서 찌다 중간 불에 뭉근하게 찐다.
- 볶음은 센 불에서 팬을 달군 후 재빠르게 볶아야 색이 유지되고 맛있다. 팬 위까지 불꽃이 타오르도록 볶아야 향과 색, 맛이 어우러져 맛있다.

중국음식의 재료별 조리방법과 처리방법

중국음식은 뜨거운 물에 데치거나 기름에 데치는 등의 애벌조리를 한 다음 소스를 넣어 걸쭉하게 만들거나 조리는 등의 두 단계에 걸쳐 조리를 하는 것이 특징이다. 볶는 방법의 조리가 전체의 80%를 차지하며, 조리방법은 기름을 이용한 조리법과 물을 이용한 조리법, 증기를 이용한 조리법 등이 있다.

기름을 이용한 조리법

• 煎(짼–전)

팬에 기름을 두르고 미리 조미하여 처리된 재료를 넣고 약한 불이나 중간불로 가열하여 재료를 익히는 조리법으로, 색은 황색으로 변하고 바삭바삭해지고 속은 부드럽게 된다. 다만, 수분이 비교적 많은 재료는 위에 밀가루나 녹말을 묻혀서(싸서, 섞어서) 지진다.

• 炸(짜아–)

다량의 뜨거운 기름에 재료를 넣은 후 적당한 시간이 경과하면 겉은 바삭바삭해지고 속은 익어서 부드러워지며 재료의 고유한 맛을 살릴 수 있다. 요리에 따라서 재료의 특성과 썰어놓은 모양이 각기 다르므로 기름의 온도나 불의 세기를 조절해야 하고 튀김옷이 달라야 한다. 불린 녹말은 탕수육이나 라조기 등과 같이 나중에 소스를 뿌리는 요리에 사용되고 달걀흰자는 재료에 흰자를 풀어서 넣고 녹말가루와 밀가루를 주물러 넣고 튀긴다. 노른자는 음식의 색을 노랗게 할 때 사용되며 재료에 밑간이 되어 있는 것은 녹말가루를 얇게 묻혀 튀긴다. 소스를 만들 때는 감자전분을 사용하고 튀김을 할 때는 옥수수전분을 사용한다.

• 清炸(칭-짜아)

재료에 간을 하지 않고 전분을 묻히지 않은 채로 튀기는 것이다.

• 乾炸(깐-짜아)

재료에 간을 조금하여 튀김옷을 입혀 튀기는 방법이다.

• 溜(류-)

류의 요리는 매끈하고 부드러운 것이 특징이다. 재료를 먼저 기름에 튀기거나 삶거나 찐 후 여러 종류의 조미료를 혼합하여 삶고, 소스가 걸쭉하게 되면 섞거나 주재료 위에 끼얹는 조리법이다. 소스는 요리를 부드럽게 하며 식지 않고 굳지 않게 한다. 소스를 끓일 때에는 센 불에서 빨리 완성해야 주재료의 향기와 부드럽고 연한 맛을 느낄 수가 있다. 조미료에 따라 여러 종류로 나눌 수 있다. 류산슬 등의 요리가 있다.

• 爆(폭-뻐우)

재료를 센 불에서 재빨리 조미하고 볶는 조리법이다. 재료 원래의 맛을 유지시킬 수 있고 아삭아삭하고 부드러운 맛을 살릴 수 있다.

• 炒彩(초채)

강한 화력을 이용하여 재료와 조미료를 빠른 속도로 볶아내는 요리를 말한다. 중국식 볶음은 불 조절을 잘해야 한다. 미리 팬을 달궈 빠른 시간에 볶아내야 재료의 본래 맛을 느낄 수 있으며, 재료 크기가 일정해야 하고 기름에 파, 마늘, 고추, 산초 등으로 향을 낸 후 볶아야 음식 맛의 뒤끝까지 향을 느낄 수 있다. 팔보채, 회과육, 북경식 상어지느러미 요리, 청조육사, 궁보계정, 라조기, 부추잡채 등의 요리가 있다.

• 烹(팽)

물을 이용하여 조린 것에 주재료를 미리 간하여 튀기거나 지지거나 볶아 다시 부재료와 함께 센 불에서 섞어 탕즙을 졸이는 방법이다.

• 汆(탄)

기름을 재료의 1/5 정도의 양을 넣고 140~160℃에서 천천히 익히는 방법으로 작의 조리법과 유사하나 연하고 부드럽다.

• 油浸(유침)

180~200℃의 기름에 재료를 재빨리 넣었다가 꺼내는 조리방법이다. 주로 생선요리가 이용되며, 재료의 신선한 맛을 즐길 수 있고 사용한 기름의 향에 따라 기름의 향을 즐길 수 있는 특징이 있다. 기름에 튀긴 후 꺼내어 소스를 뿌려 완성하는데, 소스의 재료는 소금, 간장, 후춧가루, 술, 물을 사용하여 즙을 만들어 튀긴 생선 위에 얹은 후 파, 생강을 채썰어 위에 얹는다.

물을 이용한 조리법

물을 이용한 조리법은 가장 간편하면서 원시적인 조리법이다. 탕과 수프 등이 있으며 물녹말을 이용하여 걸쭉하게 끓이기도 한다. 맑은 탕이나 수프의 맛내기 요령은 마른 새우 국물이 얼마나 깊이 우러났느냐에 따라 달라지며, 육수가 바글바글 끓을 때 물녹말을 넣어 완성한다. 또한 센 불에서 단시간에 끓이는데, 재료는 미리 삶거나 데쳐야 시간을 절약하며 국물이 맑게 되고 담백한 맛을 낼 수 있다.

- 녹말물 : 녹말가루와 물을 1 : 1의 비율로 넣어 고루 섞어준다. 물녹말은 재료의 맛을 유지해주며 재료에서 맛있는 성분이 우러나오는 것을 막아주며 맛이 고루 어우러지게 한다.
- 불린 녹말 : 녹말가루를 그릇에 담고 녹말가루가 푹 잠기도록 찬물을 넉넉히 부어 고루 섞어 10분 정도 가라앉힌다. 윗물이 맑아지면 물은 따라버리고 앙금만 쓰는데 냉장고에 보관하여 사용한다. 튀김옷으로 녹말가루 대신 사용하면 옷이 쉽게 벗겨지지 않고 쫄깃한 맛을 즐길 수 있다.

그 외 조리법

• 민(燜, men 먼)

뚜껑을 꼭 닫고 약한 불에 천천히 삶는다. 이미 처리된 재료를 먼저 물에 끓이거나 기름에 튀긴 후에 다시 소량의 육수와 조미료를 넣어 약한 불로 비교적 오랜 시간 삶아 재료가 푹 고아져서 즙이 걸쭉해질 때까지 졸인다.

• 외(wei 웨이)

뭉근한 불에서 오랫동안 끓이는 것으로 육수를 만들 때 사용한다.

• 돈(沌, dun 뚠)

탕에 재료를 넣고 오래 가열(달이는 방법)하는 것으로 북방식 요리법이다. 중탕을 하기도 하는데 남방식과 광동식과 동일 요리법으로 결과는 약한 불에서 오랫동안 끓이는 방식으로 약선요리 등에 많이 이용한다.

• 소(燒, shao 샤오)

조림을 뜻한다. 튀기거나 볶거나 가열하여 재료에 조미료나 육수 또는 물을 넣고 센 불에서 끓여 맛과 색을 정한 다음 약한 불에서 푹 삶아 익히는 방법이다. 재료에 따라서 중간중간 양념장을 끼얹어 가며 중간 불에서 은근하게 졸여야 재료의 독특한 맛을 낼 수 있다.

• 배(扒, ba 바)

기본 조리법은 소와 같지만 조리시간이 더 길다. 완성된 요리는 부드럽고 녹말을 풀어 맛이 매끄러우며 즙이 많다. 요리의 모양이 흐트러지지 않아야 한다.

• 자(煮, zhu 쭈)

신선한 동물성 재료를 잘게 썰어 그릇에 넣고 센 불에서 끓이다가 약한 불에서 서서히 졸이는 방법이다.

• 쇄(涮, shuan 쑤안)

채소나 고기를 뜨거운 물에 살짝 담가 익으면 소스에 찍어 먹는 것으로 샤브샤브와 비슷하다.

• 탄(汆, tun 툰)

조직이 연한 재료를 저미거나 완자를 만들어 중간 불에서 끓는 물이나 탕으로 데쳐 단시간에 조리하는 것이다.

증기를 이용한 조리법

찜은 재료의 신선도와 영양소를 유지하면서 담백한 맛을 낼 수 있고 기름기가 없어 건강식으로 많이 이용되는 조리법인데, 재료에 따라 불 조절을 잘해야 한다. 즉 만두는 강한 불에서 단시간에 쪄내야 하며 달걀찜이나 두부찜은 약한 불에서 뭉근히 쪄내야 한다. 또한 물을 넉넉히 붓고 물을 먼저 끓이다가 찜기를 올려야 하며 대나무 찜기를 이용하여 쪄야 위생적이며 좋은 향을 낼 수 있다.

• 쯩(蒸)

수증기를 이용하여 재료를 익히는 방법으로 청증 · 포증 · 분증 등이 있다. 청증은 재료를 조미료로 재어 중탕하는 것이고, 분증은 오향초분과 같은 조미료를 고루 넣고 그릇에 담아 수증기로 찌는 것이며, 포증은 조미한 재료를 연잎이나 대나무 잎으로 싸서 찌는 것을 말한다.

건식조리법

가장 오래된 조리법으로 누구나 즐길 수 있는 조리법이다. 구이는 굽기 전에 미리 밑간을 해 두었다가 구워야 맛있게 된 요리를 먹을 수 있는데, 양념을 했을 땐 불을 약하게 하고 양념소스를 여러 번 발라가며 구워야 맛있다. 그 외 구이는 센 불에서 거리를 두고 석쇠에서 단시간에 익혀야 한다.

• 고(烤 kao 카오)
건식조리법으로 재료를 불에 굽거나 오븐에 익히는 방법이다. 건조하고 뜨거운 열과 복사열로 재료를 익히는 방법으로 훈제하는 방법과 비슷하다. 사용되는 연료로는 천연연료인 나무, 숯, 석탄, 가스 등이 쓰인다. 요리로는 북경요리가 대표적이다.

• 염국
소금을 열 전달매체로 활용하는 것으로서 요리 재료를 면 수건이나 투명종이로 싸서 소금 속에 묻어 놓고 열을 가하여 익히는 방법이다. 한 번 열을 받은 소금은 쉽게 식지 않아 재료를 익히는 구이 등에 이용된다. 새우구이 등 해산물을 이용하여 조리하면 더욱 좋은 맛을 낼 수 있다.

재료별 조리방법

쇠고기의 조리법과 특징

쇠고기는 선홍빛의 싱싱한 재료를 사용해야 하고, 결을 살려 썬 후 핏물을 뺀 다음 청주와 소금, 간장으로 양념을 하여 20분 정도 재워두었다 조리한다. 고기 조리 시 팔각 등의 향신료를 넣어 누린내를 없애는 것이 특징이며, 녹말가루는 조금만 넣고 고기는 기름에 데친 후 볶는다. 쇠고기에 곁들이는 채소는 살짝만 익혀야 한다. 쇠고기와 송이볶음, 마라우육, 쇠고기 양상추쌈 등의 요리가 있다.

돼지고기의 조리법과 특징

부패가 빠른 돼지고기는 냉장고에서 일주일만 지나면 냄새가 나므로 먹고 난 후 냉동고에 보관해야 한다. 싱싱한 돼지고기는 엷은 핑크색이 돌고결이 고우며 윤기가 난다. 돼지고기 조리 시 지방은 떼어내고 생강즙과 청주, 파 등으로 재워 누린내를 없앤 후 소스는 먹기 직전 버무려 조리한다. 차가운 성질인 돼지고기는 표고나 따뜻한 성질의 마늘과 잘 어울리며, 콩과 열을 내는 고추로 만든 소스인 두반장과도 잘 어울린다.

닭고기의 조리법과 특징

싱싱한 닭은 껍질이 윤기가 돌고 살이 통통한 것으로 선택해야 하며, 냉동육보다는 냉장육이 맛있다. 특정한 부위 요리 시 한 마리 전체를 사는 것보다는 부위별로 사야 효과가 있으며, 조리하기 전 청주와 생강 등으로 밑간을 미리 해서 누린내를 없앤다. 닭고기는 수분을 미리 제거한 후 튀긴다.

채소와 두부의 조리법과 특징

채소를 볶을 때는 센 불에서 재빨리 볶아내고 더디 익는 것부터 차례로 볶아낸다. 채소는 되도록 모양을 살려 썰어야 되며 파는 미리 썰어둔다. 목이버섯은 미지근한 물에 미리 담갔다가 육수를 부어 잠깐 데친 후 조리하면 더욱 맛있게 먹을 수 있다. 두부는 찬물에 담갔다 사용하며 망국자에 담아 데치면 부서지지 않고 깨끗하게 데칠 수 있다. 또한 끓일 때 자주 저으면 부서지므로 자주 젓지 말아야 한다. 두부와 고기는 중간 불에서 소스를 끼얹어가며 조려야 한다.

조리기술

• 絲(쓸)

방법은 채로 썰고 싶은 길이로 자르거나 대개 5cm 정도로 섬유질의 방향대로 썰면 섬유질을 자르지 않아 아무리 가는 채로 썰어도 부서지는 일이 없어 요리 후 깨끗하다. 생선류의 가공 시에는 0.4cm, 고기류의 가공 시에도 0.4cm, 닭가슴살 등의 세밀한 가공 시에는 0.2cm의 두께로 썬다. 채로 써는 것을 쓸이라 한다.

• 片(편)

재료를 포를 뜨듯이 한쪽으로 어슷하고 얇게 뜨는 것으로, 오른쪽에서 왼쪽으로 칼을 넣어 떠주며 주로 육류나 어류, 표고버섯, 죽순 같은 것을 써는데 적합한 조리기술이다. 손톱 모양, 버들잎 모양, 직사각형 모양, 코끼리 눈 모양, 초승달 모양, 빗 모양 등으로 조작할 수 있다.

• 丁(정)

네모꼴 썰기로 한식의 깍두기 같이 써는 방법인데, 요리에 따라 크기가 달라진다. 육면체의 주사위 모양을 말하며 대방정은 1.2cm 정육면체, 소방정은 0.8cm의 정육면체로 나누며, 가공 시에는 먼저 여러 갈래(조, 條)로 썬 후 정육면체로 썬다.

• 塊(꽐-)

조리원료를 덩어리 형태의 모양으로 가공하는 것을 말한다. 일반적으로 직도법(칼을 직각으로 세워서 자르는 법)을 사용하며 자르기(切), 끊기, 쪼개기 등의 방법을 이용한다. 재료에 따라 변화가 있으며 형태에 따라 릉형괴, 방괴, 장방괴, 배골괴, 곤도괴, 벽시괴 등이 있다.

• 條(티어우)

막대기 모양을 말하며 원료가공의 모양에 따라 장방보 5cm 두께와 넓이의 막대기 모양, 상아조(象牙條; 원주형 식물의 가공에 적합)로 나뉜다.

• 沫(머-)

먼저 채(사, 絲)로 썰고 조그만 정의 모양으로 썬 후 직도법 중의 자르기를 이용해서 다지는 것을 말한다.

• 粒(리)

먼저 조(條), 사(絲)의 모양으로 썬 후 정사각형의 압자모형으로 썬 것을 말하며 크기에 따라 완두입, 녹두입, 미립으로 나눈다.

• 泥(니)와 茸(용)

재료의 껍질, 뼈, 힘줄을 제거한 후 곱게 다지는 것을 말한다.

중국의 술과 차 문화

중국의 술 문화

중국 술 문화의 역사

기원전 3000년경부터 중국에서는 누룩을 사용하여 술을 빚었다 한다. 이는 동양 술의 전형이 되었을 것이다. 원나라 때 증류 기술이 전파되기 이전에는 우리나라의 청주와 유사한 황주(黃酒)가 주종을 이루었다. 약재를 넣어 가향 효과를 내거나 약주(藥酒)로 발전시켰다. 원대부터는 소주(燒酒) 소비량이 늘어나 청대에 이르면서 북방에서는 백주(白酒) 소비량이 주류를 이루었고 양자강 이남에서는 황주가 주류를 이루었다. 북위시대의 북양태수 가사협이 저술한 《제민요술(齊民要術)》에는 여러 가지 농업 기술과 함께 술 양조법이 자세히 기록되어 있으며, 실제로 양조 기술에 많은 영향을 끼치게 된다. 북송시대에는 주익중이 《북산주경(北山酒經)》을 저술하여 당시의 양조법을 집대성했다. 《북산주경》은 다양한 재료를 이용한 누룩 제조법과 지황주, 국화주, 포도주, 냉천주 등 여러 가지 술의 제조 공정을 자세히 소개하여 양조 기술을 널리 전파했다.

중국 술의 분류

4000여 년의 역사를 자랑하는 중국 술은 원료나 제조방법에 따라 4,500여 종에 이른다. 이들은 크게 백주(白酒)와 황주(黃酒)로 분류되고, 그 외에 포도주(葡萄酒), 과실주(果實酒), 약주(藥酒) 등이 있다.

백주

알코올 도수는 40% 이상으로 높은 백주(白酒)는 수수, 옥수수, 논벼, 밀, 소맥 등의 곡식류를 원료로 하여 술지게미를 걸러내는 대신 특수 기구를 사용하여 가열해서 만든 증류주로 무색 투명하다. '백'이란 무색이란 뜻이다. 우리가 마셨던 중국집의 배갈이 바로 백주의 일종이며 고량(수수)으로 만들었다 하여 고량주(高粱酒)라고도 부른다. 일반적으로 알려진 중국 술은 대부분 백주라고 보면 된다. 모태주(茅台酒)와 오량액(五粮液) 등이 있다.

황주

황주(黃酒)는 찹쌀이나 수수 등 곡물이 원료로, 누룩 등을 띄워 발효시켜 지게미를 걸러 낸 양조주이다. 이 때 사용하는 각종 원료와 촉매제로 인해 술이 색깔을 띠게 되는데, 황이란 색깔 있는 술이란 뜻이지 꼭 노란색을 말하는 것은 아니다. 알코올 도수는 18~20% 정도로 비교적 약하나 맛이 순하고 진하여 입에 짝짝 달라붙고 향기가 그윽하며 영양 역시 풍부하다. 북방인은 주로 겨울에 화과와 함께 황주를 마시는 재미로 추위를 잊는다고 한다.

약주

약주(藥酒)는 한방약초 등을 사용하여 만든 배합주로 배합 재료에 따라 맛, 색, 효능이 여러 가지다. 대표적인 술로는 오가피나무의 껍질 등 10여 종의 약초를 고량(高粱)에 넣어 만든 오가피주(五加皮酒)와 대나무 잎 등으로 만든 죽엽청주(竹葉靑酒)가 있다.

과실주

과실주(果實酒)는 과일을 발효시켜 만든 술로서 일종의 저알코올 술이다. 일반적으로 포도주가 과실주 중에서 역사가 가장 오래된 술 중의 하나인데, 중국 과실주로는 포도주가 대표적이다. 그밖에 자매주, 금홍색의 금매주, 향매주, 매실주 등이 있다.

맥주

맥주(麥酒)의 생산지는 이집트와 시리아로서 문헌에 의하면 4000년 이상의 역사를 가지고 있다. 주원료는 보리, 호프, 물, 효모이며 알코올 함량은 보통 3.5% 전후이다. 중국 최초의 맥주 공장은 1915년 북경에서 시작하였으며 현재에는 급속하게 발전하여 전국에 800여 개의 맥주 공장이 가동되고 있다. 맥주를 좋아하는 중국인이 늘면서 맥주를 반주(飯酒)로 마실 정도가 되었다고 한다.

중국의 8대 명주

신중국 수립 후 중국 정부는 주류 제조업을 발전시키기 위해 다섯 차례(1952, 1963, 1979, 1984, 1989)에 걸쳐 전국주류평가대회를 열고, 전국의 5,500개 증류소에서 출품된 백주 중 뛰어난 술에 금장을 수여했다. 이 대회에서 연이어 5번의 금장을 수상한 술이 8개인데 이를 8대 명주(名酒)라 칭하게 되었다. 중국의 8대 명주는 증류주 다섯 가지, 양조주 두 가지, 혼성주 한 가지다.

모태주

모태주(茅台酒, 마오타이주)는 수수(고량)를 주원료로 하는 중국 귀주성의 특산 증류주로 무색 투명한 백주의 하나이다. 마오타이주의 생산지는 중국 귀주성 인회현에서 12km 떨어진 적수하 강가에 위치한 마오타이 마을이다. 이 마을의 이름을 따서 마오타이주라 불리게 되었다. 마오타이주는 현대의 양조기술이 보급된 오늘날에도 전래의 제조법을 그대로 고수하고 있다. 그 기술은 복잡하며 조작법이 엄격하다. 누룩을 많이 사용하는 점, 발효기간이 긴 점, 여러 차례 발효과정을 거치고 여러 차례 술을 거르는 점 등이 마오타이 양조법의 가장 큰 특징이다.

오량액

오량액(五粮液, 우량예)은 명주 중 가장 판매량이 많은 술이다. 색깔은 맑고 투명하며, 향기가 오래 지속된다. 알코올 함량은 60% 정도로 매우 독하지만, 부드럽게 넘어가는 끝 맛이 특징이다. 처음에는 여러 가지 곡식을 섞어서 만든다 하여 잡량주(雜粮酒)라고 불렸지만 500년 전쯤 재료가 5가지 곡식으로 고정되어 다섯 가지 곡식이라는 뜻의 오량(五粮)과 경장옥액(瓊漿玉液, 경장과 옥액은 둘 다 옥과 같이 귀한 물이라는 뜻)의 액(液)을 따와 오량액으로 불리게 되었다. 우량예는 멥쌀, 찹쌀, 메밀, 수수, 옥수수 등 다섯 가지 곡식을 원료로 만든 증류주로 주요 생산지는 사천성의 수도 이빈시이다. 우량예는 명나라 초부터 생산되기 시작했다. 이 술을 처음 빚은 사람은 진씨(陳氏)라고만 알려져 있다. 수백 년 동안 제조법이 진씨 가문의 비방으로 전해져 오다 대량 생산된 이후로 성분과 질이 달라져 오늘날에 이른 것이다. 마오타이가 과거의 방식을 변함없이 유지하는 데 비해 우량예는 지속적으로 새로운 기술을 받아들이고 있다. 우량예의 독특한 맛과 향의 비결은 곡식 혼합비율과 첨가되는 소량의 약재의 내용에 달려있다. 이것은 수백 년에 걸쳐 기술자들 사이에서만 전해지는 일급 비밀로서 진품의 확산을 방지하는 데 그 목적이 있다고 한다.

죽엽청주

죽엽청주(竹葉青酒)는 산서성 행화촌의 대표적인 약미주로 고량주에 10여 가지의 약재를 침출시키고 당분을 첨가한 술로서 노란 빛을 띠며 매우 향기로운 황주(黃酒)이다. 이 술에서는 대나무 특유의 은은한 향을 느낄 수 있다. 특히 오래된 것일수록 깊은 향기가 난다고 한다. 알코올 도수는 48~50% 정도이고 마시다 보면 입안에 감도는 단맛에 술잔을 뗄 수 없다고 한다. 이 술은 양나라 때부터 유명했는데 기를 돋우고 혈액을 맑게 한다고 알려져 있다. 중국인들은 술로 즐기기에 앞서 보약으로 생각하고 이 술을 마신다고 한다. 베이징 카오야를 먹을 때 곁들이기 좋은 술로 죽엽청주의 은은한 대나무 향과 오리고기의 부드러운 맛이 잘 어울린다.

분주

분주(汾酒, 펀지우)는 산서성 분양현 행화촌에서 생산되는 증류주로 역사가 1500년에 이른다. 알코올 도수가 65% 정도 되는 강한 술이다. 술의 색깔은 맑고 투명하며, 향이 매우 좋고 오래간다. 색 · 향 · 맛이 모두 뛰어나 삼절(三絕)로 불린다. 분주는 당대 이전의 황주로부터 기원하였고, 후에 백주로 발전하였다. 1914년 파나마 국제박람회에서 우승, 금상을 수여받아 세계적으로 인정받고 있다.

주원료는 수수이며, 밀과 완두콩을 이용한 누룩으로 발효시킨다. 술을 빚을 때 신천수(神泉水)의 물을 이용하며, 땅에 묻어 3주 동안 발효시킨다. 이 과정을 두 번 더 되풀이하면 분주가 완성된다. 청나라 《경화록(鏡花綠)》에 보면 전국의 10대 명주 중에서 분주를 최고로 꼽는다. 또 당나라 때 시인 두목 등의 시에도 등장한다.

양하대곡

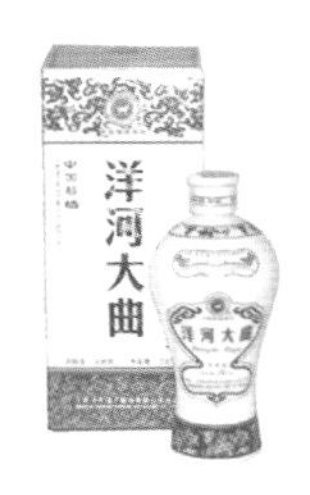

양하대곡(洋河大曲)은 강소성에서 생산되는 증류주이자 백주이다. 양하주는 달콤하고, 부드러우며 연하고, 맑으며, 산뜻한 5가지 특징을 고루 갖춘 술이다. 수수(고량)를 양조한 뒤 오랫동안 항아리에서 숙성시키는데, 자세한 주조 과정은 알려져 있지 않다. 알코올 도수는 48%이다. 청의 건륭제가 이 술을 마시기 위해 일부러 강소성을 방문해 7일 동안 머물렀다고 전해질 정도로 오래 전부터 명주로 이름을 얻었다. 이 무렵부터 황실의 공품(供品)이 되었고, 중국 국내는 물론 각종 국제적인 주류 품평회에서도 여러 차례 상을 받았다. 중국의 다른 전통 백주와 비교할 때 많은 양을 마시더라도 취기가 덜하고, 음주 후에 느끼는 거북한 느낌도 훨씬 적다. 탕수육과 곁들여 마시면 좋다.

노주특곡

노주특곡(蘆酒特曲)은 사천성 노주에서 생산되는 증류주이자 백주이다. 알코올 농도는 45%이다. 수수(고량)를 양조한 뒤 오랫동안 항아리에서 숙성시키는데, 중국의 백주 가운데서도 가장 오랫동안 발효시키는 술 가운데 하나로 유명하다. 400여 년의 역사를 가지고 있으며, 가장 오래된 술은 300년이나 된다고 한다.
일찍부터 중국 17대 백주의 하나로 인정받았고, 1917년 파나마 국제 주류품평회에서 금상을 수상하면서 세계적으로도 알려지기 시작하였다. 1953년에는 중국의 8대 백주로 선정되었다. 발효 기간이 길어 색깔이 아주 맑고, 독특하면서도 짙은 향기가 난다. 값이 비싸지 않아 서민들이 즐겨 마시며, 아시아와 유럽 등지에도 수출된다.

고정공주

고정공주(古井貢酒)는 농향형 대곡 형태의 백주로서 중국 안휘성 호현 고정공주 공장에서 생산한다. 호현은 역사적으로 유명한 지방으로 동한 시기의 조조와 화타의 고향이다. 일찍이 동한 시기부터 호주의 술은 유명했다.

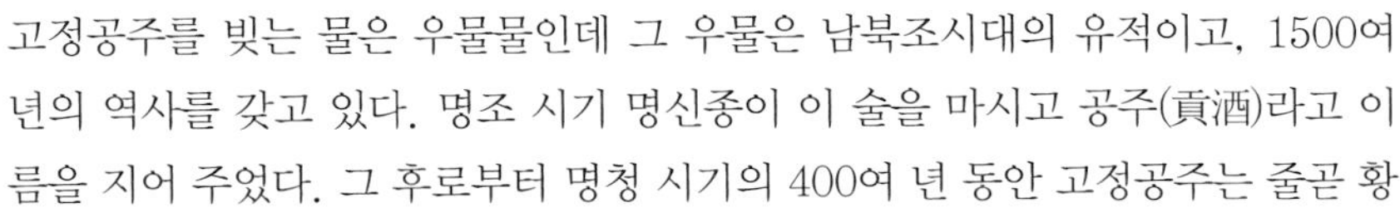

고정공주를 빚는 물은 우물물인데 그 우물은 남북조시대의 유적이고, 1500여 년의 역사를 갖고 있다. 명조 시기 명신종이 이 술을 마시고 공주(貢酒)라고 이름을 지어 주었다. 그 후로부터 명청 시기의 400여 년 동안 고정공주는 줄곧 황제들의 공품이다. 이 술은 고량, 소맥, 대맥, 완두를 주원료로 하며, 화사한 맛은 모란에 비유될 정도이다.

동주

귀주성의 준의시에서 생산되는 술이다. 1963년 귀주성의 명주로 뽑혔던 동주(董酒)는 1963년에 열린 제2회 전국주류평가대회에서 최고상인 금장을 받아 국가 명주의 반열에 들었으며 이후 3번의 대회에서도 금장을 획득했다.

동주의 누룩에는 130여 종의 약초와 약재가 들어간다. 이 가운데는 중국의 유명한 8대 향료도 들어 있다. 이들 약재는 누룩이 만들어지는 과정에서 대부분 미생물에 의해 분해된다. 분해과정에서 산, 알콜, 에스테르, 페놀 등을 미량 형성하기도 하는데, 이들 화학성분은 1백여 종에 달하는 것으로 알려져 있다. 다른 술에 비해 뷰티르산과 고급 알콜산의 함량이 3~5배 가량 높으며, 풍성한 향과 오묘한 맛을 지니고 있다.

기타 주류

고량주

수수를 원료로 하여 제조한 것을 고량주(高粱酒)라 한다. 고량주는 중국의 전통적인 양조법으로 빚어지기 때문에 모방이 어려울 정도의 독창성을 갖고 있다. 누룩의 재료는 대맥, 작은 콩이 일반적으로 사용되나 소맥, 메밀, 검은콩 등이 사용되는 경우도 있으며 숙성과정의 용기는 반드시 흙으로 만든 독을 사용한다. 전통적인 주조법이 이 술의 참 맛을 더해 주며, 지방성이 높은 중국요리에 없어서는 안 되는 술이다. 색은 무색이며 장미향을 함유하는 경우가 있고, 고량주 특유의 강함이 있으며 독특한 맛으로 유명하다. 알코올 도수는 59~60% 정도이며 천진산이 가장 유명하다.

소흥가반주

소흥가반주(紹興加飯酒)의 주원료는 찹쌀에 특수한 누룩을 사용하는 방법이 일반적이며, 누룩 이외에 신맛이 나는 재료나 감초를 사용하는 경우도 있다. 찹쌀에 누룩과 술약을 넣어 발효시키는 복합발효법으로 제조하지만, 창의적인 방법에 따른 독특한 비법이 내포되어 있다. 소흥주의 알코올 도수는 14~16%로 낮다. 중국 명주의 하나로 황색 또는 암홍색의 황주이다. 4,000년 정도의 역사를 갖고 있으며 오래 숙성하면 향기가 더욱 좋아 상품가치가 높다.

오가피주

오가피주(五加皮酒)는 알코올 도수가 53% 정도이고 색깔은 자색 또는 적색이다. 신경통, 류마티스, 간장 강화 등에 약효가 있는 일명 불로장생주이다. 고량주를 기본 원료로 하여 목향과 오가피 등 10여 종류의 한방약초를 넣어 발효시켜 침전한 정제탕에 맛을 가미한 술이다.

이과두주

2번의 증류 과정을 거친다 하여 이과두주(二鍋頭酒)라 불린다. 중국인의 가장 대중적인 술로, 마오쩌둥이 '인민을 위하여 그 값을 저렴하게 하고 그 맛은 최고로 하라.'고 명했다는 설이 전해진다. 알코올 도수는 56%이다.

공부가주

명대부터 생산된 공부가주(孔寶家酒)는 공자에게 제사를 지낼 때 쓴다. 이후 공자 가문에 드나드는 손님을 접대하기 위한 연회주로 쓰인 것이다. 청대 건륭제도 즐겨 마셨던 것으로 알려진다. 은은한 배 향이 나며 맛은 순하고 조금 달콤하다. 알코올 도수는 35~39%이다.

백년고독

백년고독(百年孤獨)은 양질의 수수와 대미, 밀 등을 원료로 하여 정제하고, 천년수하의 물로 빚어낸 보리 소주이다. 알코올 도수는 38%로 비교적 순한 편이다.

중국의 차 문화

중국 차의 역사

신농(神農, 기원전 2700년경)이 찻잎을 씹어 해독의 약효를 보던 이전부터 차나무 자생지역에 사는 사람들에 의하여 음식으로 만들어 먹거나 생잎을 그대로 씹어 먹는 등의 방식으로 이용되었던 것으로 추정된다. 육우의 《다경(茶經)》이 저술된 당대(618~907)에 이르러서 생활 속에 보편화되었고 《다경》의 정행검덕[2]은 지금까지 중국의 다도정신으로 이어지고 있다. 당대에 떡차를 빻아서 솥에 끓여 마시는 자다법(煮茶法)이 시작되었으며, 오대에는 탕사라는 차모임이 결성되어 차 문화가 교류되었다.
송대(960~1279)와 명대(1368~1644)의 초기까지는 덩이차를 가루내어 찻사발에 넣어 찻솔로 풀어서 거품을 내어 마시는 점다법(點茶法)이 주류를 이루어, 찻사발도 점차 넓은 다완을 사용하게 되었다. 명대는 태조 주원장(朱元璋 : 1328~1398)이 단차(團茶)의 제다법을 폐지하는 칙령(1391년)을 내려 생산이 끊겨 잎차를 우려마시는 포다법(泡茶法)이 널리 이용되었다 한다.

찻그릇은 차의 향과 맛을 보존하기 위해 자기류를 선호하게 되었으며, 제조과정이 비교적 간단한 잎차가 생산됨으로써 서민들에게까지 일반화되었다. 청대에 이르러 국민 생활차로 정착되었던 중국의 차 문화는 근세의 공산화로 인하여 퇴폐문화로 간주되어 쇠퇴, 침체되었으나 타이완이 상업화에 성공하여 차 시장을 통해 세계 각국에 청차 문화를 전파하였다.
중국의 문호가 다시 개방되면서 문화교류의 재계와 함께 타이완이나 홍콩차인들의 중국 본토 방문 등에 힘입어 1980년대 이후 비로소 '차 문화'가 신조어로 출현하게 되고 점차 복원되어가고 있다. 특히 1990년대 이후 다양한 방면으로 문화교류가 활발해지면서 더불어 차 문화의 교류도 급속히 확대되어 가고 있으며 차는 중국인들에게 다시 일상의 일부가 되고 있다.

중국은 지역과 민족에 따라 제다의 방법과 차를 마시는 풍습이 다양하다. 소수 민족이 많은 운남

2) 차는 성질이 매우 차서 이를 이용하기에 적합한 사람은 행실이 맑고 겸허한 덕을 갖춘 사람이어야 한다.

성과 사천성은 흑차(黑茶)인 보이차와 타라 등을 즐기며, 복건성과 광둥성 일대는 우롱차(烏龍茶)인 무이암차(武夷巖茶)와 쟈스민꽃 향을 착향한 쟈스민차를 즐기며, 저장성과 강서성 일대는 녹차(綠茶)인 용정차(龍井茶)와 벽라춘(碧螺春) 등을 즐긴다.

현대 중국 차의 종류

가공방법에 따라 중국의 차는 녹차(綠茶), 백차(白茶), 황차(黃茶), 청차(淸茶, 오룡차), 흑차(黑茶), 홍차(紅茶) 등 6가지로 분류한다. 녹차는 살청과 건조 방식에 따라 솥에서 덖어 만든 초청녹차(炒青綠茶), 건조기에 건조하는 홍청녹차(烘青綠茶), 햇볕에 말리는 쇄청녹차(晒青綠茶), 증기를 이용하여 살청하는 증청녹차(蒸青綠茶) 등으로 구분하고 있다. 또 가공과정에서 특정 처리를 하여 재가공하는 차류가 있다.

중국 10대 명차

중국은 명차 생산을 위한 최적의 조건을 갖추고 있다. 첫째, 명차 생산을 위한 최적의 자연 · 지리적 조건을 가지고 있으며, 둘째 상류층에서부터 민간에 이르기까지 음다(飮茶) 문화가 폭넓게 확산되어 있고, 셋째 오래 전부터 다학(茶學)이 뿌리내려 학문적인 역량을 축적하고 있다. 명차는 좋은 차나무 품종에서 섬세하게 찻잎을 채취해 정밀하고 뛰어나게 가공한 후에야 얻을 수 있는 고급차를 일컫는 말이다. 즉 색, 향, 맛, 형태 등 품질의 우수성은 물론이고 문학적 배경과 예술성까지 지니고 있어야 비로소 명차의 반열에 오를 수 있다. 결국 명차의 필수조건을 정의해 보면 좋은 품종, 제다 기술, 문화적 명성이라고 정의할 수 있다.

백호은침

복건성 복정, 정화의 두 현에서 생산되는 대표적인 백호은침(白毫銀針)은 백차(白茶)이다. 복정현은 1885년부터, 정화현은 1889년부터 차를 만들기 시작하였으며, 1982년 전국의 명차로 선정되어 명차의 반열에 올랐다. 백호은침은 화북지방에서는 불로장수차로 불리며 추위와 더위를 피하게 하는 치료 보양차로서 애용되어 왔다. 1891년부터 수출되기 시작하였으며, 유럽에서는 홍차를 마실 때 몇 잎의 은침(銀鍼)을 넣어 존귀함을 표시하기도 한다. 찻잎을 창(槍)과 기로 분리해 광주리에 펼쳐놓고 통풍이 잘 되는 그늘에서 80~90% 건조하며, 30~40℃의 온도로 천천히 중제한다. 찻잎은 두텁고 바늘처럼 뾰족하며, 은백색 백호로 덮여 있다. 복정에서 생산되는 찻잎은 백호가 많고 백색의 광채가 나며, 탕색은 연한 황색을 띄고 맛은 상쾌하고 신선하다. 한편 정화에서 생산된 차는 맛이 깊고 청아한 향기가 특징이다. 봄에 돋아난 싹만 차의 원료로 사용하고 여름과 가을에 나는 찻잎은 약하고 작아서 백호은침의 재료로 사용하지 않는다.

서호용정

서호용정차(西湖龍井茶)는 절강성 항주 서호 일대에서 생산되는 초청녹차이다. 용정차는 용정사에서 차를 재배하는 것에서 유래되었다. 서호용정차는 중국을 대표하는 녹차의 한 종류이다.
용정차는 사봉용정(獅峯龍井), 매오용정(梅塢龍井), 서호용정(西湖龍井)으로 구분하는데 이중에서 사봉용정이 가장 좋은 평가를 받고 있다. 1965년부터는 서호용정차로 그 명칭을 통일하였다. 용정차의 외형은 납작하고 평평하며 비취색이 감돌고 윤기가 난다. 용정차의 특징은 신선한 벽록색 빛깔, 싱그러운 향기, 부드러운 맛, 아름다운 찻잎 모양으로 요약되는데, 이를 용정차의 사절(四節)이라고 표현한다. 탕색은 연한 녹색이며, 단맛이 나면서도 산뜻하고 고소하다.

동정벽라춘

동정벽라춘(洞庭碧螺春)은 강소성 소주시 태호에 있는 동정산에서 생산되는 차로서 독특한 형태, 깔끔한 색상, 농후한 향기, 순수한 맛을 지닌 초청녹차(炒靑綠茶)이다. 동정산은 기후가 온화하고 강수량이 풍부하여 차나무 재배에 최적의 조건을 갖추고 있다. 호수를 끼고 있어 습도가 높으며, 토지는 산성을 많이 함유하고 있어 차나무가 자라는데 양호한 환경을 제공하고 있다. 이 차에는 일눈삼선(一嫩三鮮)이라는 별명이 있는데, 눈(嫩)은 아주 어린 잎을 의미하며, 선(鮮)은 빛깔, 향기, 맛 세 가지가 신선하다는 의미를 가지고 있다. 이 차는 섬세한 수공 작업이 들어가기 때문에 가격이 대단히 비싸다. 벽라춘은 7등급으로 나누어진다. 1등급에서 7등급으로 갈수록 찻잎이 크고 털은 갈수록 적다. 찻잎 표면이 백호로 덮여 있어 은백색을 띤다. 향기가 곱고, 맛은 담백하면서도 단맛이 오랫동안 입안에 남는다. 탕색은 선명한 벽록색이다.

황산모봉

황산 일대의 해발 700~1200m 사이의 다원에서 생산한 홍청녹차가 황산모봉(黃山毛峰)이다. 청나라 때부터 중국 명차로 지정되었다. 1875년 청나라 광서 연간에 사유태다장을 운영하던 사정화가 청명 전에 황산 고지대의 어린 잎을 따서 모봉차를 만든 것이 유래가 되었다. 황산은 중국 5대 명산 중의 하나이며, 예로부터 여러 종류의 명차가 생산되어 왔던 지역이다.
찻잎은 황록색으로 윤기가 나며 작설형 모양이 특징이다. 찻잎의 어린 정도와 크기, 빛깔이 균등하고 가지런하다. 일아일엽(一芽一葉)을 채취하며, 차잎 전체에 작고 흰 은빛털이 나 있어 귀한 기운을 풍긴다. 탕색은 투명하고 침전물이 없으며 살구 빛을 띠고, 향기는 부드러우며 맑고 상쾌하다. 감칠맛이 나는 단맛을 내며 신선하고 깔끔하다. 엽저(葉底)는 황색이 감도는 옅은 녹색으로 밝은 빛을 띤다.

군산은침

황실(皇室) 진상품이었던 군산은침(君山銀針)은 차나무 10여 그루가 싹이 틀 즈음에는 다른 사람들이 훔쳐가는 것을 미연에 방지하기 위해서 군대를 파견하여 지키게 하였다고 한다. 군산은침은 중국 호남성 악양현의 동정호 가운데 있는 군산섬에서 나는 차를 말한다. 군산은침은 생산량이 적어 희소가치가 있다.

차나무가 굵고 가지가 드물어 찻잎이 굵고 단단하다. 한 근의 차를 만들기 위해서 약 2만 5천 개의 차 싹이 소요된다. 차 싹은 백호가 많고 잎의 모양은 곧으며 가지런하고 담황색을 띤다. 군산에서는 원래 녹차를 생산하였는데, 후대로 가면서 황차(黃茶)로 바뀌어졌다. 차 향기는 맑고 맛은 달고 부드러우며, 우려낸 차의 빛깔은 밝은 등황색으로 청량하고 상쾌하다.

안계철관음

철관음(鐵觀音)이란 오룡차를 만드는 차나무 품종의 이름을 말한다. 철관음은 복건성 안계현 요양향, 서평, 장항, 검덕을 중심으로 생산되는데, 청 건륭 초기에서부터 지금까지 200여 년의 역사를 가지고 있다.

철관음은 춘분을 전후로 하여 매년 4번의 찻잎을 딴다. 찻잎의 형상은 타원형으로 잎 가장자리의 톱날은 엉성하고 둔하다. 잎의 두께는 두껍고 도톰하며, 잎맥이 분명하게 드러나 보인다. 색은 진한 녹색에 기름기가 있고 광택이 나며, 여린 잎 또한 도톰하고 약간의 자홍색을 띤다. 차를 우려내면 무게가 약간 무거운 듯 철과 같이 가라앉는다. 차의 향기는 그윽하고 진하며, 탕색은 금황색으로 진하고 밝으며 맑고 투명하다.

몽정차

몽산은 비가 자주 내리고 구름과 안개가 많고 기온이 낮은 기후 조건을 가지고 있어 차나무가 자라는데 적합한 환경을 갖추고 있다. 몽정차(蒙頂茶)는 중국의 사천성 명산현에 있는 몽산 5봉 중의 하나인 몽정에서 생산된다.

몽정차는 고온에서 살청(殺靑)하여 차를 만든다. 찻잎의 외형은 가는 바늘 같은 모양의 잎이 오그라지고 잔털이 많으며, 녹색 빛을 띠고 있다. 차를 우리면 찻잎이 서서히 가라앉으며 찻잎이 펼쳐진다. 탕색은 황금빛을 띤 녹색으로 맑고 투명하게 빛난다. 그윽하게 널리 퍼지는 상쾌한 향기가 오래 지속된다. 그 맛은 달콤하고 신선하며 감칠맛이 난다. 몽정차의 종류에는 몽정감로(蒙頂甘露), 몽정석화(蒙頂石花), 몽정황아(蒙頂黃芽) 등이 있다.

대홍포

대홍포(大紅袍)는 복건성 무이산 동북부 천심암 부근 벼랑 위 42그루 관물 차총 천년 고차수로 만든 차이다. 이 고차수를 모수로 하여 무성(無性) 재배 기술로 자수 생산에 성공하여 생산한 것이 현재의 무이대홍포이다. 모수의 품질과 맛을 그대로 재현했다는 평가를 받고 있다. 천심암 큰 바위에는 주덕이 쓴 대홍포란 글자가 새겨져 있는데, 이른 봄 찻잎이 발아할 때 멀리서 보면 그 붉은 모양새가 홍포를 뒤집어 쓴 것 같아 보인다 하여 대홍포라고 하였다. 반 발효된 대홍포는 녹차의 맑은 색과 향을 지니면서도 잘 발효된 홍차의 진한 빛깔과 단맛을 겸비하고 있으며, 녹차의 쓴맛과 홍차의 떫은맛을 거의 느낄 수 없고 차의 성질이 차갑지 않아 어떤 체질과 도 쉽게 조화를 이룬다. 향기는 맑게 오래 지속되어 맛은 깊고 그윽하여 입안에서 오랫동안 여운이 남는다.

홍차

공부홍차(工夫紅茶)는 아주 정성들여 만든 홍차 혹은 공부종의 품종으로 만든 차라는 의미를 지니고 있다. 안휘성 서남부 황산지맥의 기문현 일대에서 생산되는 대표적인 공부홍차이며, 기홍(祁紅)이라고도 한다. 기문 지역은 홍차 생산에 적합한 자연 조건을 가지고 있는데, 100~350m 언덕 구릉지대를 형성하고 있으며, 온화한 기후 조건, 비옥한 산성 토양, 봄 · 여름에 내리는 적정량의 이슬비, 적당량의 일조량은 찻잎을 부드럽게 하고, 여린 잎을 장기간 유지하여 최상의 찻잎 생산을 가능하게 한다.

보이차

보이차(雲南普洱茶)는 중국 운남성 일대에서 나는 대엽종 쇄청모차를 원료로 하여 발효를 거쳐 만들어진 산차(山茶)와 긴압차(緊壓茶)라고 정의한다. 보이차는 제조 기법에 따라 생차와 숙차로 나눈다. 생차는 쇄청모차를 증기압시킨 후 자연 발효시킨 차이며, 숙차는 쇄청모차를 발효시킨 후 증기압이나 쾌속 발효를 시켜 만든 차를 말한다. 위장에 효과가 있는 차이다.

중국요리에 사용되는 소스 및 가공식품

장류

두시

검은 대두를 물에 불려 푹 삶아서 말린 다음 항아리에 넣고 햇볕에 여러 번 말린다. 콩의 형태가 그대로 살아 있으며, 향기롭고 특수한 향과 짠 맛을 낸다. 중국의 강서, 강동, 호남 등지에서 많이 생산되는 것으로 검은콩을 발효시켜 말린 중국식 된장이다.

사다장

된장에 새우, 참깨, 땅콩 따위를 넣어 만든 것이다. 사다장은 새우살을 잘게 썬 것에 야자열매, 생강, 고춧가루, 우샹펀(五香粉), 마늘, 즈마펀(芝麻醬), 소금, 설탕, 땅콩기름을 섞어 걸쭉하게 한 것이다. 꼬치구이 등의 조미 국물로 사용한다. 남방요리에 많이 쓰이며 말레이시아 등에서 화교들도 즐겨 쓴다.

해선장

북경요리에 사용되는 유명한 싱거운 된장으로 다른 조미료와 섞어서 사용한다. 또한 채소에 쳐서 그대로 내놓는 경우도 있으나, 레스토랑에서는 각자가 나름대로 조미료를 친다.

두반장

누에콩으로 만든 된장에 고추나 향신료를 넣은 것으로 독특한 매운맛과 향기가 난다. 우리나라의 된장이나 고추장 같은 역할을 하며 마파두부 등의 쓰촨요리에는 뺄 수 없는 소스로 중국요리의 조미료, 무침, 볶음, 조림에 골고루 사용된다.

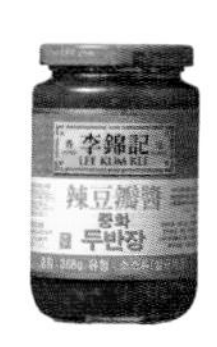

랄초장

붉은 고추를 짓이겨 만든 것이다.

춘장

춘장은 된장류에 속하며 황장, 대장, 경장, 황두장, 면장이라고도 한다. 대두, 밀가루, 소금, 누룩을 4개월 이상 발효시켜서 만든다. 황장은 향기로우며 갈색을 띤다. 묽기에 따라 마른 황장과 걸쭉한 황장으로 나눈다. 황장은 황하 이북 지역에서 비교적 많이 만들어 먹는다. 북경요리의 장폭 조리법에 주로 사용되는 대표적인 조미료이다. 캐러멜 소스를 첨가하여 만든 후 짜장면에 사용한다.

첨면장

첨면장은 소량의 콩에 밀가루와 소금을 이용해 발효시켜 만든 된장류이다. 붉은 빛이 도는 갈색을 띠며, 달고 재질이 섬세하다. 양자강 이남에서 많이 만든다. 볶아서 찍어 먹는 장이나 북경의 오리요리에 주로 쓰인다.

콩짜장

콩짜장은 대두를 발효시킨 된장이다. 검은 대두를 물에 불려 푹 삶아 말린 다음 항아리에 넣고 햇볕에 7번 말려서 만든다. 검은색으로 향이 나며 독특하고도 신선한 맛을 증가시키고, 원료의 나쁜 맛을 감추는 역할을 한다.

고추장

고추장은 선홍색 고추에 소금, 산초, 백주 등을 넣고 절여 발효시켜 만든 것이다.

소금, 간장류

소금

소금의 형태는 굵은 소금, 가는 소금, 정제염으로 분류된다. 소금은 음식의 간을 맞추고 맛을 조절한다.

간장

간장은 소금보다 복잡하여 여러 종류의 아미노산, 당류, 유기산, 색소가 들어 있으며, 짠맛 외에 독특한 맛과 향이 있다. 간장은 음식의 맛을

증가시키고, 변화시키며 음식의 색을 내는 데에 쓰인다. 간장의 종류는 홍간장, 노추 등이 있다. 노추는 짠맛이 강하지 않고 색이 진해 주로 색을 낼 때에 쓰인다.

노두유

노두유는 관동 일대에서 쓰는 색깔이 진한 간장을 말한다. 노두추 또는 노추라고도 하며, 맛은 약간 달고 짠맛이 덜하다.

생추

노추보다 약간 묽은 짠 간장이다.

선장유

선장유는 소금에 기타 부재료를 배합한 간장의 일종이다. 일반 간장과 별로 다를 것이 없어 보이지만 아주 신선하고 좋다. 다른 조미료와 섞어서 복합적인 맛을 내기도 한다.

샤아유오

잔 새우를 원료로 하여 소금에 절여 발효시킨 것을 샤장(虾醬)이라고 하고, 그 웃물을 샤유(虾油)라고 한다. 샤장이나 샤유 모두 조미료로 쓰인다. 요리에 넣으면 감칠맛이 난다.

설탕과 식초류

설탕

설탕은 자당 외에 소량의 환원당, 수분, 회분 및 기타 유기물로 구성되어 있다. 설탕은 조리 시 중요한 조미료이며, 중국의 설탕은 원료에 따라 사탕수수당, 사탕무우당, 활당 등으로 분류된다.

꿀

꿀은 과당 30~35%를 포함한 단당류로서 소화를 거치지 않고 인체에 흡수된다. 꿀은 조리 시 설탕을 대체할 수 있는 것으로 구이, 튀김요리를 만들 때 음식의 표면에 바르면 광채가 난다. 설탕액으로 감싼 튀김요리의 외피가 딱딱할 경우에 꿀을 사용하면 부드럽게 만들 수 있다.

당정

일명 사카린이다. 당정은 중국에서 가장 많이 사용되는 합성 감미료로 희고 깨끗하며 육면의 결정체형이 많고 편상도 있다. 단맛은 설탕의 약 300~500배이며 영양가는 없다. 많이 사용하면 쓴맛이 난다.

식초

식초는 3~5% 정도의 초산 외에 유기산, 아미노산 당, 알코올, 에테르류 등이 함유되어 있다. 식초는 전분류를 함유하고 있는 수수, 조, 찹쌀, 멥쌀을 주원료로 밀기울 등을 보조 원료로 사용하여 발효과정을 거쳐 제조한 것이다. 식초는 신맛을 제공하고 비린내와 지방질을 분해시켜 기름기의 느끼한 맛을 없애주며 시원한 맛을 증가시키는 작용을 한다. 신맛 외에 방향미가 있다.

검은콩 소스

광동요리에 많이 쓰인다. 검은콩으로 만든 식초이며, 독특한 향기와 맛을 지니고 있다. 요리를 희게 만들고 싶을 때는 보통 식초와 섞어서 사용한다. 중국인은 이것을 여름에 체력이 소모되는 것을 방지하기 위해 냉수에 타서 마신다.

복합적인 소스류 및 장류

생선소스

생선소스는 멸치나 작은 갈치 등을 소금에 절여 장시간 발효시켜 추출한 조미 액즙이다. 가용성 단백질과 아미노산이 풍부하고 짜며 어류 특유의 향이 있어 남방 사람들의 환영을 받고 있는 소스이다. 붉은 오렌지 빛으로 투명하고 깨끗하며 소금 함량이 27%를 초과하지 않는 유리형 결정체를 띠고 있는 것이 상등품이다. 사용방법은 새우기름과 비슷하고 절임이나 볶음, 조림, 고기나 닭을 구울 때 등에 많이 사용한다.

지마장

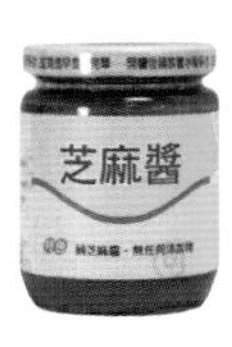

흰깨를 빻아서 기름에 태운 것이다. 냄비요리나 볶음, 녹말을 끼얹는 요리, 무침에 이용되며 영양가가 많다.

매실 소스

매실로 만든 새콤달콤한 소스로 어느 양념장에나 조금씩 들어가는 독특한 향의 소스이다. 보통의 다른 여러 가지 소스들과 함께 섞어 개운한 맛을 내는 데 사용한다. 탕수육 등 단 음식을 만들 때에 조금씩 넣으면 맛과 향을 더할 수 있다.

차소장

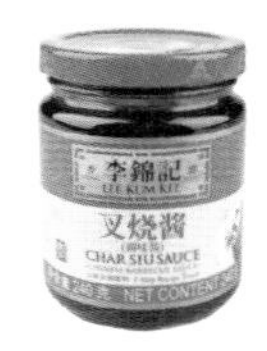

중국의 전통 간장이라 할 수 있는 바비큐소스로 닭고기나 오리고기, 칠면조 같은 고기류를 잴 때에 사용하며 두부나 생선요리에 사용해도 좋다. 달콤한 맛을 내며 벌꿀 향을 넣어 식욕을 돋우어 준다.

XO 소스

중국식 햄과 마른 패주, 마른 새우 등을 갈아서 다진 파와 마늘, 굴소스, 소금, 향신료 등을 넣고 만든 매운맛의 소스이다. 해삼요리, 고기요리, 두부요리, 해산물요리에 모두 어울리는 고급 소스이다.

기름과 복합적인 가공 소스류 및 식품류

라유우

식물성 기름에 고추를 넣은 매운 조미료로 다쨔오유라고도 한다. 가정에서 만들 때에는 냄비에 붉은 고추 2~3개를 씨가 든 채로 다져 썰어 넣고 기름 5큰술쯤 넣어 천천히 볶아 거즈로 걸러낸다.

하오유오

으깬 굴을 끓여서 바싹 조린 다음 조미료를 넣고 농축시킨 것으로 감칠맛이 난다. 조림, 볶음에 자주 사용되며, 콜레스테롤을 조절하는 약효가 있다.

샤아유오

잔 새우를 원료로 하여 소금에 절여 발효시킨 것을 샤장(虾醬)이라 하고 그 웃물을 샤유(虾油)라고 한다. 샤장이나 샤유 모두 조미료로 쓰인다. 요리에 넣으면 감칠맛이 난다.

두우스라

고추장과 된장을 섞은 것으로 검은콩, 밀, 누에콩, 고추를 발효시킨 것이다. 볶음이나 찜, 혹은 생선에 얹어서 먹는다. 또한 생채소를 찍어 그대로 먹거나 냄비요리의 조미 국물로 사용한다.

파기름

파기름은 파의 향과 맛이 나는 기름이다. 끓는 기름에 파 3~4개 뿌리와 양파 1/4개를 넣고 150℃로 가열하여 대파가 황갈색으로 변하기 시작하면 불에서 내려 식힌다. 비린 맛을 없애고 요리에 풍미를 더해 준다. 기름의 유해 성분도 없애 준다.

취두부

두부를 소금에 절여서 발효시킨 것이다. 푸른빛을 띤 라아후나이는 그대로 먹을 수도 있다. 붉은빛을 띤 것은 주로 고운 체에 걸러서 여러 가지 재료를 넣어 끓이거나 볶음요리에 쓰이며, 돼지불고기를 양념할 때에도 쓰이는 향신료이다.

겨자가루

양장피나 새우냉채 등 냉채요리에 빠지지 않고 이용되는 소스 재료이다. 매운맛은 물론, 향도 좋다. 해독작용이 있어 음식물의 섭취 시 식중독 예방에 도움을 준다. 40℃의 미지근한 물에 개어 끓는 물에 중탕 발효하여 사용한다(물 1 : 겨자가루 1).

중국요리에 사용되는 식품재료

육류, 난류

쇠고기

중국요리에서 많이 사용하며 조리법도 다양하다. 품질이 좋은 고기는 살이 단단하고 연하며, 미세한 결이 있고 선홍색의 육색과 마블링이 선명하다. 쇠고기의 성분은 수분 92.7%, 단백질 20.1%, 지방 5.7%로 되어 있으며 내장 등에 비타민 A, B_1, B_2 등과 무기질이 풍부하게 함유되어 있다.

돼지고기

성질은 차고 맛은 달지만 기름에는 약간의 독이 있다. 중국 사람들이 가장 선호하는 육류로서 총 소비의 90% 가량을 차지하며 조리 방법 또한 다양하다. 사용되는 부위는 등심, 살코기, 삼겹살, 뒷다리, 족발 등이다.

닭

달고 따뜻하며 흡수된 성분은 비경, 위경으로 들어간다. 음식으로 몸을 보호하는 데 왕으로 불리며 기를 보하고 정을 더한다. 수술 환자, 산후 허약자, 노인식에 좋다. 중국요리에서 닭은 중요한 재료이다. 닭고기는 수육에 비해 연하고 맛과 풍미가 담백하며 조리하기가 쉬워 전 세계적으로 폭넓게 사용된다.

달걀

달걀은 개체 하나가 하나의 세포로 구성된 단세포로 되어 있으며 영양이 완전한 식품이다. 중국요리에서 많이 사용된다.

오리알

오리알에는 달걀의 2배 정도, 오리고기의 9배 정도의 레시틴이 들어 있다. 노른자위는 세포막의 구성분인 인지질 30%를 비롯해 비타민 A와 E, 리놀산 등을 함유하고 있다. 발효된 오리알은 채단 또는 피단이라고도 하는데, 신선한 오리알에 소금과 물을 넣고 여러 가지 향신료를 넣어 항아리에 넣고 2~3개월 숙성시킨다.

어패류

삭스핀

상어지느러미 요리는 좋은 상어의 커다란 지느러미만 가져다가 요리를 한다. 상어지느러미의 비린내를 없애고 나면 상어지느러미 자체는 아무 맛이 나지 않게 되는데, 이것으로 수프를 만들면 부드럽게 수프 국물이 스며들면서 아주 맛있어진다.

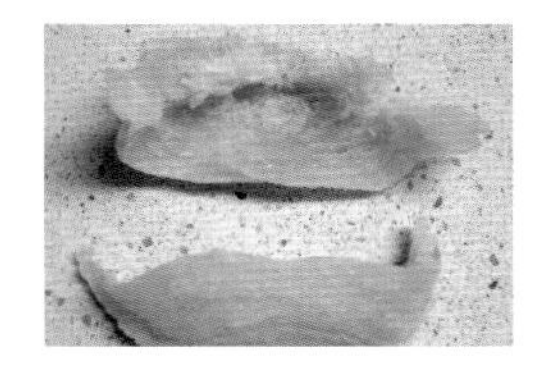

제비집

바닷가에 사는 제비가 해초, 새우, 은어 등을 먹은 뒤 끈적거리는 물질을 토해 내면서 집을 만든다고 한다. 이 제비집으로 요리를 만드는데, 최고의 별미이다(연미색의 제비집 모양으로 생겼다).

해삼

건해삼과 생해삼(말리지 않은 해삼)이 있는데, 바다의 인삼이라고도 하는 귀하고 영양이 풍부한 요리 재료이다. 특히 태음인 체질의 열이 많고 체격이 큰 사람들이 보양식으로 먹으면 좋다. 해삼은 비타민과 칼슘, 단백질이 풍부해 상어지느러미, 제비집, 부레와 함께 4대 강장식품이다. 해삼은 건해삼이 영양이 풍부하며 국산이 제일 상품 중 하나이다. 해삼은 일주일 정도를 삶고 불리기를 거듭한 후 사용한다. 성질이 달고 짜며 따뜻하다. 신기, 정과 혈을 보호해 준다. 오장을 윤기있게 해주며 신체를 튼튼하게 해준다. 노화 방지, 수명 연장에 도움을 주며 소화 흡수를 돕는다.

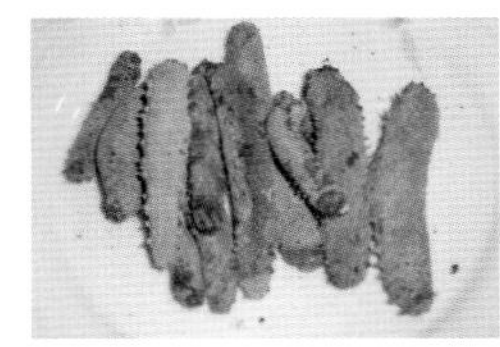

해파리

바다에서 나는 식재료로, 직경 3cm 이상의 크기로 색이 희고 광택이 있는 것이 좋다.

전복

중국인은 마른 전복을 좋아하는데 건조과정에서 아미노산이 풍부해져 맛있게 된다. 전복은 연황갈색으로 탄성이 있으며 큰 것이 좋다. 최근에는 양식 전복을 생산하는데, 이것을 오분자기라고 한다.

패주

부채꼴 모양의 조개를 가리비라고 하는데 이 손바닥 크기의 가리비 조개 속의 패주를 말한다. 냉동 관자, 말린 관자, 생물 관자 등으로 사용된다.

굴

굴은 말려 두었다가 요리에 사용할 때는 불려서 쓴다. 성질이 달고 짜며 평이하다. 정신을 편안하게 해주고 독을 풀어 준다. 결핵으로 신체가 허약한 사람에게 좋다.

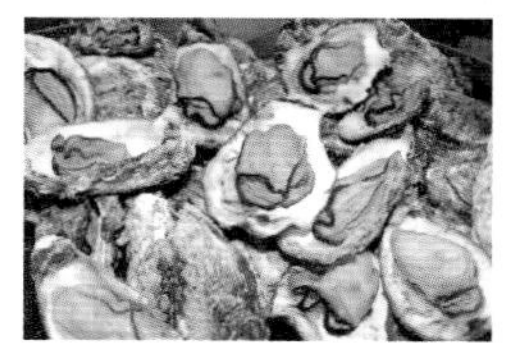

왕새우

새우는 메티오닌, 라이신 등을 비롯한 필수아미노산이 풍부하고 양기를 북돋워 스태미너의 근간이 되는 신장을 강화시킨다. 또, 새우는 칼슘을 많이 함유하고 있어 골다공증이나 골연화증을 예방해 주며, 새우에 들어 있는 타우린은 간의 해독 작용을 한다.

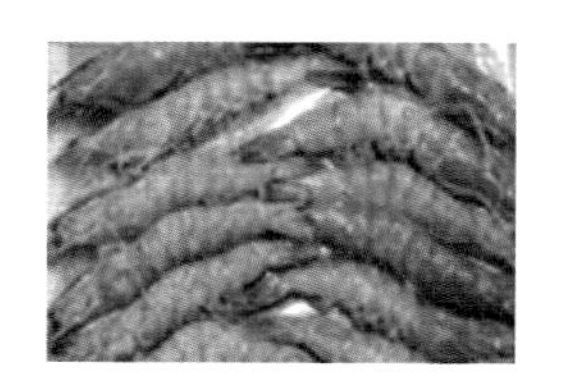

새우

새우는 양기를 왕성하게 해주는 식품으로 신장을 강하게 해준다. 신장이 강해지면 온몸의 혈액 순환이 잘 되어 기력이 충실해져 양기를 돋우게 된다. 중국음식에 다양하게 사용된다.

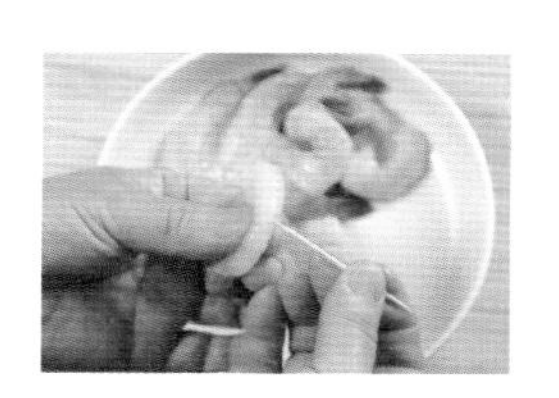

게살

게의 주성분은 필수아미노산이 풍부한 양질의 단백질이다. 꽃게에는 타우린이 711mg이나 들어 있어 시력 회복, 당뇨병 예방, 콜레스테롤 상승 억제에 효과가 있다. 또한 비타민 E와 나이아신은 노화 방지와 세포 활성화에 도움을 주며 탈피를 위해 체내에 축적되어 있는 수용성 칼슘은 성장기 어린이의 발육과 갱년기 여성의 골다공증 예방에 효과가 있다.

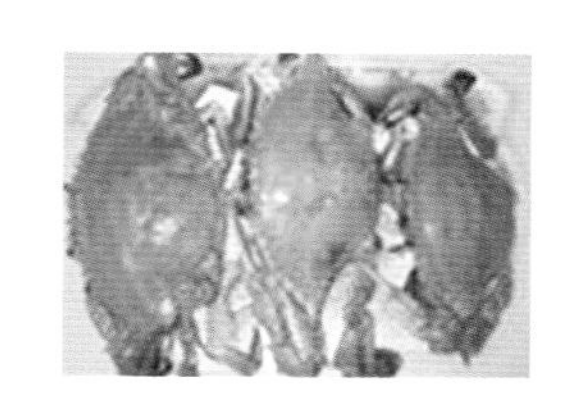

홍합

홍합 국물의 시원한 맛은 타우린, 베타인, 핵산류, 호박산의 맛으로 알코올로 인한 숙취 해소에 좋고, 소화력이 약한 아이들과 노년층에도 매우 좋다. 스태미너 음식인 홍합에는 비타민 A · B, 칼슘, 인, 철분, 단백

질이 풍부하다. 아미노산의 일종인 타우린은 쓸개즙의 배설을 촉진해 간의 독소를 풀어 준다. 또, 홍합 속의 칼륨은 나트륨의 체외 배출을 도와 고혈압 등 소금으로 인한 질병 예방에도 좋다.

멸치

칼슘, DHA, 오메가 3, 지방산 등 몸에 좋은 영양성분은 심장병과 동맥경화를 예방한다. 또 대장암에 효과적이며 지능 발달에 도움을 준다. 정서를 안정시키며 피부 건강에도 좋다.

참조기

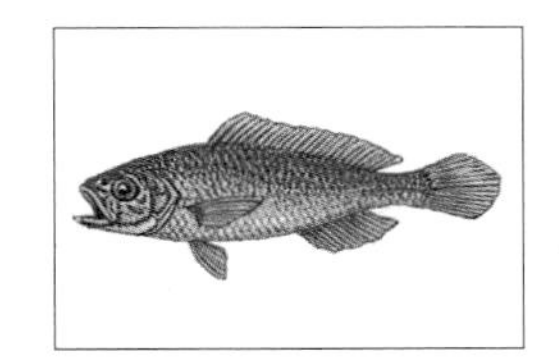

제사상에 올리는 생선 중 조기는 정력과 기력을 늘려주고 위장을 튼튼하게 하며 소화를 촉진시키는 작용을 하기 때문에 설사를 하거나 복부가 찬 사람에게 좋다. 특히 아토피를 앓는 어린이에게 좋다. 중국요리나 한국요리에서 조기는 최고의 식재료로 튀김이나 찜 등에 사용된다.

우럭

우럭은 간기능 향상과 피로 회복, 뇌신경을 진정시키며 세포 생성에도 좋다. 함황아미노산의 함량이 다른 어류에 비하여 아주 높은데, 함황아미노산은 동맥경화, 고혈압, 심근경색 등의 성인병 예방에 좋다. 필수지방산인 비타민 A도 많이 함유하고 있다. 담백한 맛의 우럭찜은 중국인들이 선호하는 요리이다.

도미

도미는 살이 많아 여러 나라 음식에 많이 사용된다. 비타민 B_1이 풍부해 뇌질환 등을 예방하며 타우린이 많아 고혈압환자나 신장병에 좋고 간장의 해독작용을 돕는다. 찜이나 구이 등에 사용한다.

가자미

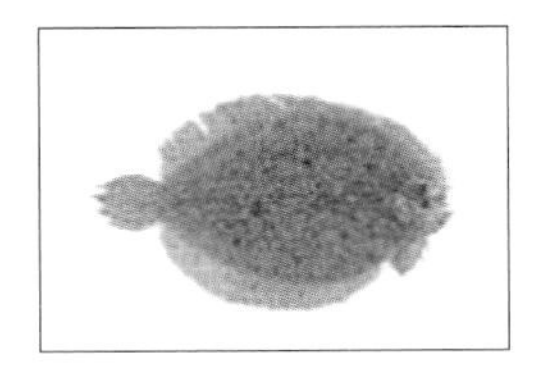

가자미는 성질이 평안하면서 맛이 달고 독이 없어 허약한 것을 보강하고 기력을 북돋운다. 《동의보감》에서는 가자미를 많이 먹으면 양기를 움직이게 한다며 그 효능을 강조하고 있다.

동태

생태(동태)에는 고단백, 저지방, 저칼로리 아미노산인 메티오닌, 나이아신이 포함되어 있는데, 이는 우유나 계란과 효능이 비슷하다. 비타민 A도 들어 있어 시력 향상에도 도움을 준다. 또한 메티오닌, 리신, 트립토판과 같은 필수 아미노산이 많이 함유되어 있어 숙취해소에 탁월한 효과를 보이며 콜레스테롤 저하에도 도움이 된다.

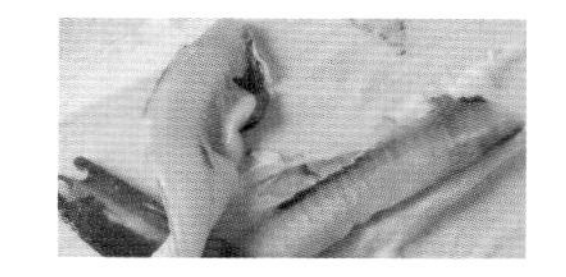

장어

장어는 말초혈관을 강화시켜 주어 관절염 통증을 완화시키는 효능이 있다. 철분과 비타민 A, B 등 칼슘이 많이 들어 있어 어린이 성장발육에 좋으며 시력을 보호하고, 남성의 정력에 좋다. 또 DHA, EPA, 레시틴 성분이 많이 들어 있어 뇌기능을 활성화시킴으로 두뇌 발달에 좋다. 구이, 튀김 등 다양한 요리에 사용한다.

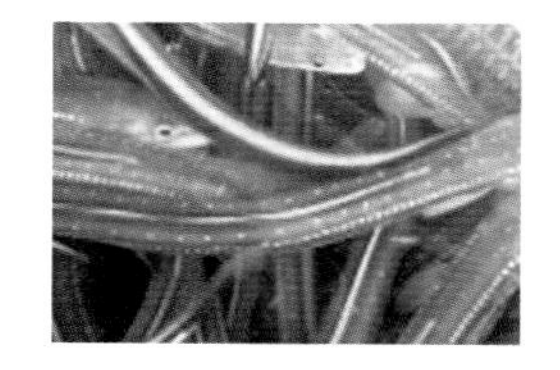

오징어

오징어는 성질이 평(平)하며, 맛이 시다. 특히 기를 보(保)하고 의지를 강하게 하며, 월경을 통하게 한다. 또한 심장 질환을 예방하고, 소염 효과, 항당뇨작용을 하여 혈당치를 떨어뜨리는 역할과 간장의 해독기능을 강화한다. 그러나 오징어는 산성식품이기 때문에 위산과다증이 있거나 소화불량, 위궤양, 십이지장궤양이 있는 사람은 삼가는 것이 좋다.

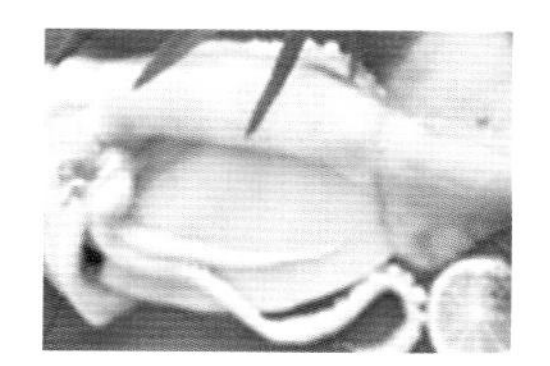

버섯류

목이버섯

고목에 기생하며 사람의 귀처럼 생겼다 하여 은목이버섯이라고도 한다. 단백질 11.3%,, 칼륨 1200mg, 인 434mg, 철 · 칼슘이 많으며, 각종 비타민의 함유량도 높다. 특유의 향과 맛이 있고 씹는 촉감이 좋으며, 돼지고기와 두부 요리에 잘 어울린다. 중화요리의 전골, 우동, 볶음, 탕수육, 잡채 등에 쓰인다.

은이버섯

백목이라고도 하며 반투명한 흰색이다. 건조시키면 옅은 황색을 띤다.

송이버섯

자연에서 서식하고 향과 맛이 우수하다. 갓이 피지 않고 짧은 것이 특징

이다. 고급요리에 사용된다.

표고버섯

맛과 향이 버섯 중 최고이며, 항암 성분과 함께 혈압 강하, 빈혈 치료 효과까지 있어 보양식이나 고기요리에 필수로 들어간다. 말린 것은 뜨거운 물에 불렸다가 사용한다. 비타민 D가 풍부하여 성장기 어린이나 여성에게 특히 좋다.

팽이버섯

각종 아미노산과 비타민을 다량 함유하여 항균 및 혈압 조절 작용을 한다. 근육육종암, 종양 저지율은 81.1%이다. 식용하면 간기능 활성화, 위와 십이지장 궤양 예방 효과가 있다. 학령기 아동이 먹으면 신체가 커지고 체중도 증가한다. 항암 및 항바이러스, 콜레스테롤 저하 작용(고혈압 방지), 피부 미용, 노화 방지, 동맥경화에 효과가 있다.

양송이버섯

소화를 돕고 정신을 맑게 하며 비타민 D와 B_2, 타이로시나제, 엽산 등을 많이 함유하고 있어 고혈압을 예방하고 치료해 주며 빈혈 치료에 좋고 당뇨병과 비만에도 좋다.

곡류

당면

감자, 고구마, 옥수수 등의 녹말로 만드는 면으로서 메인요리, 잡채 등에 많이 사용된다. 새우요리의 가장자리 장식이나 쇠고기 양상추쌈을 할 때 튀긴 실당면을 부수어서 살짝 뿌리거나 장식으로 주로 쓰인다.

양장피

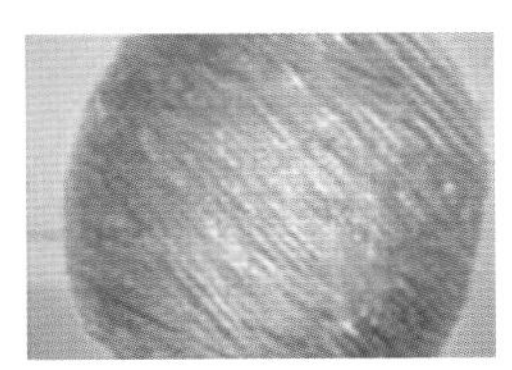

100% 고구마 전분의 지단 두께로 얇게 만들며 마른 상태에서 사용 시 물에 불려 사용한다.

두부

메주콩으로 만들며 중국요리에 많이 사용된다. 말려 사용하거나 조리거

나 튀기는 등 다양한 방법으로 사용된다.

춘권피

춘권을 싸기 위해 밀가루 반죽(계란 반죽)으로 둥근 팬이나 넓은 팬에 얇게 만든 지단이다. 중식 재료상에서 냉동 상태로 유통된다.

식빵

밀가루로 만든 식빵에 새우를 다져 샌드위치하여 기름에 튀긴 음식을 만드는 데에 사용한다.

녹말가루

감자녹말과 옥수수녹말을 많이 이용한다. 기름을 많이 사용하는 중국요리에는 녹말을 사용하는데, 그 이유는 수분과 기름이 서로 분리되는 성질을 녹말을 이용해서 융합시켜 음식이 어우러지게 하기 때문이다. 또 육즙의 유출을 막고, 튀김의 껍질로도 사용된다.

누룽지

누룽지는 쌀밥을 만들어 누른 것으로, 소화에 좋고 설사를 멎게 해준다. 누룽지탕 등에 사용된다. 누룽지를 가공하여 시판하는 재료를 구입하여 사용한다.

시미로

야자열매에서 추출한 전분으로 만드는데, 하얀 구슬처럼 생겼으며 후식에 사용된다. 끓는 물에 삶아 찬물에 헹구어야 쫄깃하고 구슬처럼 투명하다. 오래 삶아야 한다.

채소류

가지

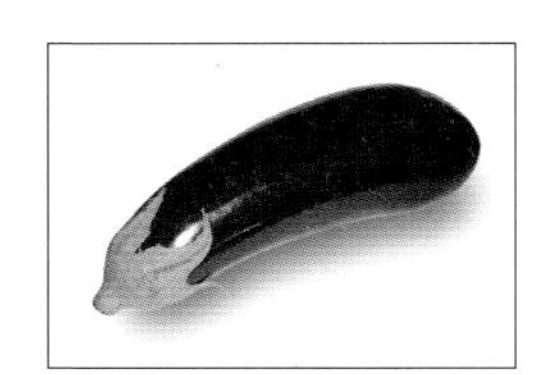

가지의 성분은 수분이 대부분이고 단백질, 탄수화물, 칼슘, 인 등과 비타민 A, C가 들어 있다. 가지에 대한 세계 여러 나라의 연구결과를 보면 혈중 콜레스테롤의 상승을 억제시키며, 동맥 경화를 방지한다고 한다. 일본에서는 가지 주스가 암의 전조가 되는 세포의 손상(염색체 이상)을 억제한다는 실험 결과가 발표되었다.

오이

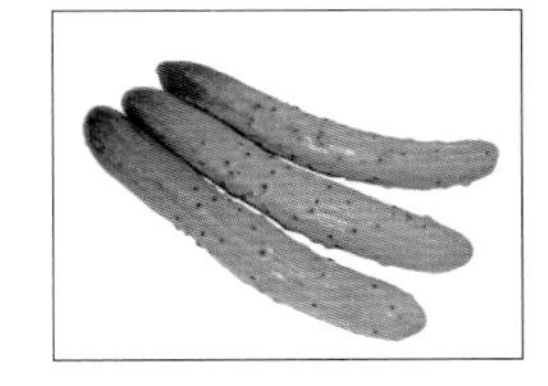

오이는 찬 성질이 있어 열이 많은 사람에게 좋으며 여름에 음식 재료로 많이 사용된다. 성분은 탄수화물, 펜토산, 페크린 등이며, 단백질은 거의 없으나 인산이 많이 들어 있다. 에라케인이라고 하는 쓴맛의 성분이 식욕을 촉진시키고, 칼륨 성분이 많아 생리적 배수를 돕는다.

숙주나물

녹두를 발아시켜 키운 것이 숙주나물이다. 숙주나물에는 비타민 B_6의 함유량이 가지의 10배 이상, 우유보다 24배 많이 들어 있다. 숙주나물은 체내의 카드뮴 함량을 감소시키고, 비타민 A · B · C가 많아 피부에 좋으며 몸속의 열을 내려준다.

셀러리

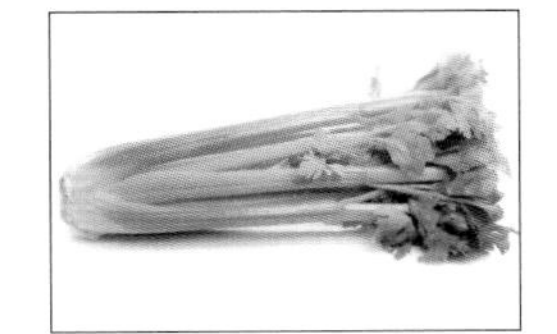

미나리과의 1~2년생 초본식물로 주로 양식 식재료에 많이 사용된다. 혈액 정화, 강장, 진정, 성적장애를 최소화하는데 효과적이다. 독특한 맛과 향이 있어 샐러드 등에 이용하거나 스톡, 찜냄비요리, 수프 등에 맛을 내기 위해 넣는다. 미국에서는 전채요리로 날것을 소스에 찍어 먹거나 요리에 사용한다.

양상추

양상추에는 칼륨, 나트륨, 칼슘, 인, 이온, 요오드, 마그네슘, 철 등이 많이 들어 있다. 마그네슘은 근육조직, 뇌, 신경조직의 신진대사를 활발하게 하며, 이들 조직의 상태를 강하게 하는 중요한 요소다. 저혈압, 편도선, 구내염, 미백효과, 눈의 충혈, 자궁출혈에 효과적이다. 그러나 양상추는 제음작용이 있어 정력을 약하게 한다.

시금치

비타민 A · B · C · E, 엽산 등이 풍부한 시금치는 눈 질환에 특효를 나타내며, 철분과 엽산이 적혈구와 헤모글로빈의 생성을 도와준다. 또, 성장기 어린이의 골격 형성과 신체 발육에 도움을 준다. 흡연자가 시금치를 즐겨 먹으면 폐암에 걸릴 확률이 감소되며, 위장의 열을 없애고 술독을 제거해 숙취 해소에도 효과적이다.

고수

중국 사람들이 즐겨 먹는 향신료이다. 특유의 향이 있어 조리 시 넣거나 장식용으로 사용한다.

허브

예로부터 약이나 향료로 사용해 온 식물이다. 라벤더, 박하, 로즈마리 따위가 있다.

아스파라거스

중국요리에 많이 이용되는 손가락 굵기의 채소로, 초록색과 흰색이 있다.

모란채

비타민 A 전구체인 베타카로틴이 많이 들어 있다. 비타민 A는 감기나 세균 감염을 방지하고 면역력 증진은 물론, 야맹증에도 탁월한 효능이 있다. 또한, 노화를 촉진하는 활성산소를 억제하는 효능이 탁월해 노화를 예방하고, 해독작용이 뛰어나다.

청경채

청경채에는 비타민 C나 A가 전구체인 카로틴이 다량 함유되어 있고 칼슘과 칼륨, 나트륨 등의 무기질도 많이 있다. 100g당 가식 부분에는 수분 92.5g, 단백질 1.5g, 섬유질 0.6g, 칼슘 130mg, 카로틴 1500mg, 당질 1.6g 등이 들어 있다.

배추

배추는 비타민 C와 칼슘이 풍부하다. 칼슘은 뼈대를 만드는 데에만 필요한 것이 아니라 산성을 중화시키는 능력을 가지고 있기 때문에 장수를 돕는 성분으로 알려져 있다.

양배추

양배추는 비타민 A · E · C · U와 식이섬유, 미네랄 등을 고루 함유하고 있는 영양식품이다. 비타민 C와 폴리페놀이 많아서 항산화작용을 하고, 쌀에 부족한 필수 아미노산인 라이신이 풍부하다.

중부추

중국 부추이다.

부추

몸속 활성산소의 해독 효능이 있다. 특유의 향취를 가지고 있고, 비타민 함량이 많다. 조미 채소로서 다른 식료품과 함께 많이 사용하고 있다.

홍고추

식용유에 고추를 섞으면 식용유의 산패가 눈에 띄게 억제된다는 실험 결과가 보도되었는데, 이는 매운맛 성분인 캡사이신 때문이다. 김치에 젓갈을 넣어 맛을 낼 수 있는 것도 이 성분이 젓갈의 비린내를 없애고 지방 산패를 억제하는 역할을 하기 때문이다.

건고추

고추를 말린 것으로, 고추기름 등과 매운 음식을 조리할 때 사용한다.

피망

비타민 B_1, C가 풍부하고 여름철 식욕 저하 방지에 좋다. 여러 종류의 음식에 사용한다.

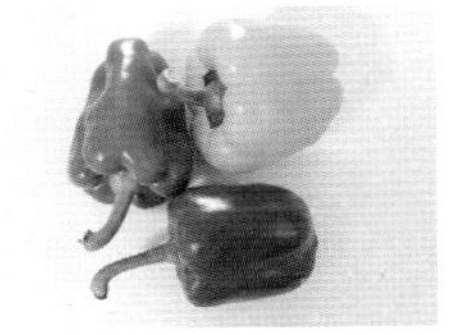

양파

생선을 양파와 같이 튀기면 비린내가 없어지고 기름의 산패도 더디게 된다.

파

향신료로서 주로 풍미를 내는 데 쓰이며, 비린내를 제거하며 많은 요리에 이용된다.

생강

생강 특유의 매운맛을 내는 진저롤과 쇼가올 성분이 몸의 찬 기운을 밖으로 내보내고 따뜻함을 유지시켜 생강을 먹으면 기침, 감기, 몸살, 목의 통증 등이 완화된다. 생강의 진저롤은 메스꺼움을 예방한다.

마늘

마늘의 알리신은 살균효과가 있고 정장작용을 촉진시킨다. 돼지고기의 비타민 B_1의 흡수를 도와준다. 요리의 향을 살리고 재료 특유의 냄새를 없애기 위해 요리하기 직전에 마늘로 향을 내면 구수한 향이 난다.

마늘종

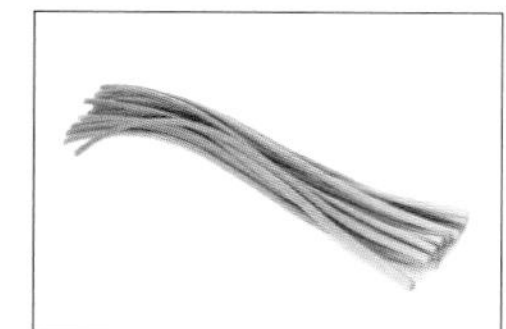

살균작용, 혈액 순환, 노화 방지. 원기 회복에 좋다.

마름

수면에 떠서 자라는 일년초 식물로 속이 하얀 과육으로 가득 차 있어 생으로 먹을 수 있다. 그 때문에 물에서 따는 밤과 같다고 하여 물밤 또는 말밤, 말뱅이라고 한다. 중국에서는 열매에서 전분을 채취하기 위해 연못에 재배한다. 탕요리에 넣으면 특유의 질감 때문에 풍미를 돋운다. 모양과 맛이 우리나라의 토란과 똑같다.

당근

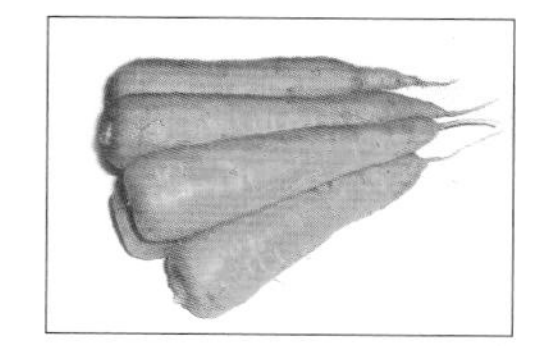

당근의 영양소는 카로틴인데, 체내에서 비타민 A로 바뀌기 때문에 비타민 A의 좋은 공급원이다. 100g당 4100IU 정도가 함유되어 있는데, 이는 당근 1/3개를 먹으면 1일 섭취량을 섭취할 수 있을 정도의 양이다. 이외에도 비타민 E를 제외한 거의 모든 비타민과 칼슘, 칼륨 등이 균형있게 들어 있다.

산마

마의 기다란 뿌리를 생으로 굽거나 쪄서 먹기도 하고 요리에 이용하기도 한다. 신장에 좋고 남성들 정력에 좋다. 감(甘)하고 평(平)하며 비경(脾經), 폐경(肺經), 신경(腎經)으로 귀경한다. 기력을 나게 하고 음을 자양하며 양생에 우수하다. 뇌기능을 튼튼히 하며 모발을 윤기나게 하고 눈을 밝게 하고 항노화작용이 있다. 또한 콩팥의 호르몬을 자극하여 몸의 저항성을 높이고 녹말의 소화를 촉진시킨다.

고구마

안토시아닌이 풍부해 스트레스를 받으면 몸속에 생기는 활성산소를 없애 주고 변비를 예방해 준다.

감자

비타민 C가 풍부하며, 혈액을 맑게 해준다.

죽순

대나무의 지하경에서 자란 어리고 연한 싹으로 중국요리에서 빼놓을 수 없는 재료이다. 탕이나 볶음요리에 주로 사용하며 아린 맛이 있어 물에 담갔다가 조리해야 한다. 죽순은 비타민 B · C가 풍부하고 단백질과 글루타민산이 있어 피로 회복 등 원기 충전에 효과적이다. 또 피를 맑게 하여 고혈압 치료에 도움을 준다. 심신을 안정시킨다.

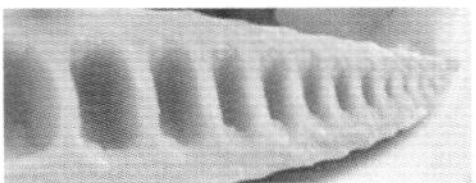

과일류

체리

체리에는 소염 효과가 있어 관절염 환자와 당뇨병 환자에게 좋다. 노화 예방과 심장질환에 효과적이다. 후식과 장식용으로 사용한다.

파인애플

파인애플은 감기, 통풍, 지칠, 신경통, 혈전증, 정맥염, 비만 등에 효과가 있으므로 디저트로 먹거나 당근과 함께 주스를 만들어 마시면 대단히 좋다. 파인애플에는 각종 비타민이 풍부하게 들어 있을 뿐 아니라 단백질의 소화 효소인 브로메린이 함유되어 있어 췌액과 소화액의 분비를 돕고 장내의 부패 산물을 분해하는 기능이 있다. 설사, 소화불량이나 가스, 악취가 나는 변 등 각종 소화기 장애에 파인애플이 큰 도움이 된다.

메론

메론에는 비타민 A · B · C가 풍부하게 함유되어 있어 피로 회복에 좋다. 또 혈액 응고를 방지하고 점도를 낮추어 주어 심장병이나 뇌졸중을 예방하는 효능이 있으며, 항산화작용을 하는 리코펜 성분이 함유되어 있어 암을 예방하는 효과가 있다. 메론시미로 등에 사용한다.

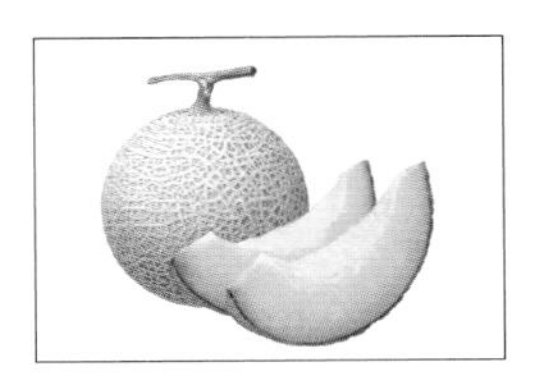

리치

콜라겐 형성을 도와 피부를 윤택하게 한다. 췌장질환을 예방하고 이뇨작용을 도와준다. 한방에서는 말린 과육을 총명탕에 사용한다(마음의 안정

을 도와준다). 껍질을 깐 하얀 과육은 후식으로 사용한다.

레몬

생리통, 심장병, 두통, 간장병, 진통, 소화 불량, 진해, 거담작용, 감기 예방에 좋다. 레몬의 비타민 C는 추위에 견딜 수 있게 신진대사를 원활히 해주어 체온이 내려가는 것을 막아줄 뿐 아니라 세균에 대한 저항력을 높여준다. 각종 요리에 향과 맛을 준다.

사과

사과가 콜레스테롤의 수치를 낮추는데, 사과의 펙틴이 콜레스테롤 흡수를 차단하고 항산화성분인 폴리페놀이 활성산소의 세포 손상을 억제하기 때문이다. 또 식이섬유는 변통 조절을 도와준다. 사과빠스 등에 사용한다.

콩류

밤

맛은 달고 따뜻하며 흡수되어 비장과 위장, 신경(腎經)으로 들어간다. 강장과 양생에 좋다. 날마다 먹으면 신장을 보호하고 허리와 근골을 튼튼하게 하고 기를 더하며 장을 튼튼하게 한다. 어린이 성장에 도움을 준다.

캐슈넛

산화 비타민인 비타민 E, 베타카로틴, 그리고 치매 예방에 유효한 레시틴을 함유하고 있다. 떫은 껍질에 포함되어 있는 레스베라트롤이라는 폴리페놀은 강력한 항산화작용이 있는데, 콜레스테롤을 낮추거나 혈관을 깨끗하게 하는 데 효과적이다.

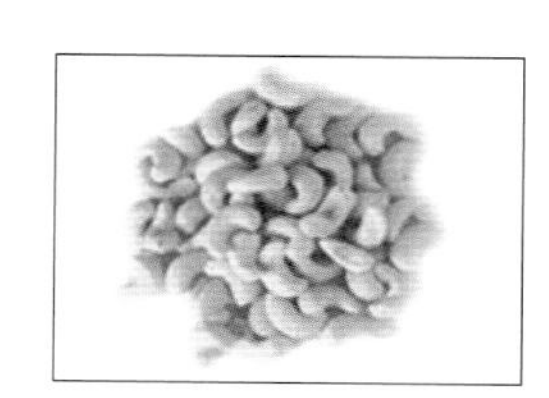

땅콩

땅콩에 들어 있는 불포화 지방산은 고혈압의 원인이 되는 혈정콜레스테롤을 씻어내는 역할을 한다. 땅콩은 비타민 B_1, B_2 등이 풍부한 강정 스태미너 식품이다. 또한 머리를 좋게 하고, 고단백, 고지방이며 비타민 B군이 풍부하며 세포를 튼튼하게 하고 적혈구를 증가시키며, 철의 흡수를 돕는 작용을 하는 비타민 E도 많이 들어 있다.

완두콩

피부병 예방, 부기 제거, 야맹증, 설사 치료와 성장 발육에 도움을 준다.

은행

폐결핵과 천식에 좋으며 고혈압 예방에 효과적이다. 현기증을 잡는 데 좋으며 탈모와 흰머리 예방에 좋다. 이 밖에 호흡기 질환을 예방한다.

잣

잣은 피를 맑게 하고 혈압을 낮추며 두뇌의 회전을 좋게 한다. 성인병 예방은 물론, 노화와 치매 예방에도 좋다.

참깨

성질이 달고 평이하며 간경, 신경으로 들어간다. 간과 신을 보호하며 눈과 귀를 밝게 하고 기력을 보하며 장을 매끄럽게 해준다. 노화를 방지하고 청력 기능이 약한 사람에게 좋다.

옥수수

옥수수의 성분은 약 70%가 탄수화물이고 단백질 8%, 지방분 4%, 비타민 A, E가 비교적 많이 함유되어 있다. 비타민 E는 노화된 간장의 조직세포를 재생시키기도 한다.

2장_ 중식조리의 실제

涼拌은 차갑게 버무린다, 烏魚는 오징어라는 뜻

오징어냉채

涼拌烏魚

요구 사항

- 오징어 몸살은 종횡으로 칼집을 내어 3~4㎝ 정도로 써시오.
- 오이는 얇게 3㎝ 정도 편으로 썰어 사용하시오.
- 겨자를 숙성시킨 후 소스를 만드시오.

수험자 유의 사항

- 오징어 몸살은 반드시 데쳐서 사용하여야 한다.
- 간을 맞출 때는 소금으로 적당히 맞추어야 한다.

지급 재료

갑오징어살 100g(오징어 대체 가능), 오이 가늘고 곧은 것(20cm 정도) 1/3개, 식초 30mL, 백설탕 15g, 소금 정제염 2g, 육수 또는 물 20mL, 참기름 5mL, 겨자 20g

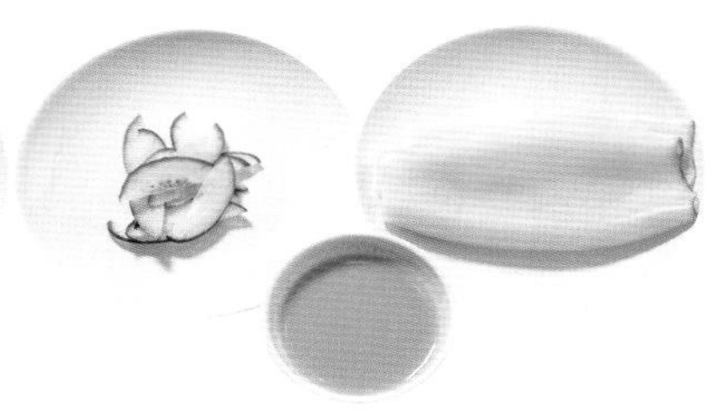

조리 방법

1 겨자가루와 따뜻한 물을 섞고 10분 정도 두어 발효시킨 다음 물 1T, 식초 1T, 설탕 1T, 소금 1T, 참기름 1T을 넣고 겨자 소스를 만든다.

2 오징어는 껍질을 제거하고 한쪽 면에 깊숙이 칼집을 넣고 다시 반대 방향으로 칼집을 넣어서 3cm 크기로 자른다. ❶, ❷

3 썰어놓은 오징어는 끓는 물에 데치고 다시 찬물에 식힌다.

4 오이는 편으로 썰어 데친 오징어와 같이 겨자소스를 2~3T 정도 넣고 버무린다. ❸

5 버무린 오이를 먼저 접시에 깔고 위에 오징어를 예쁘게 올려 놓는다.

6 남은 겨자소스는 상에 낼 때 같이 내거나 오징어 위에 뿌린다. ❹

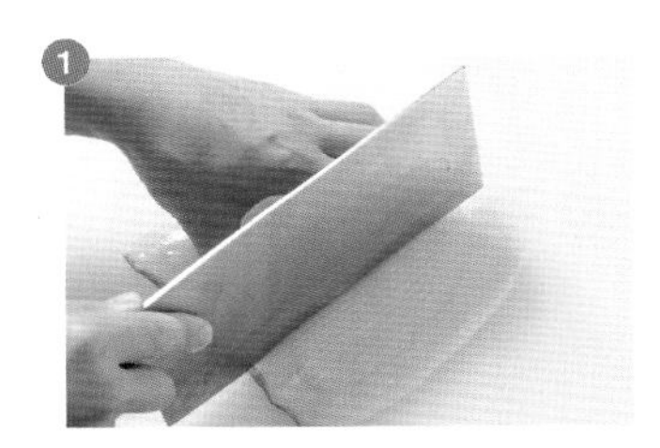

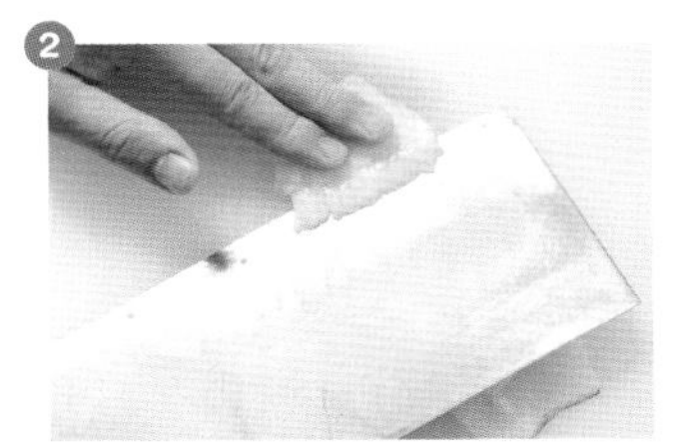

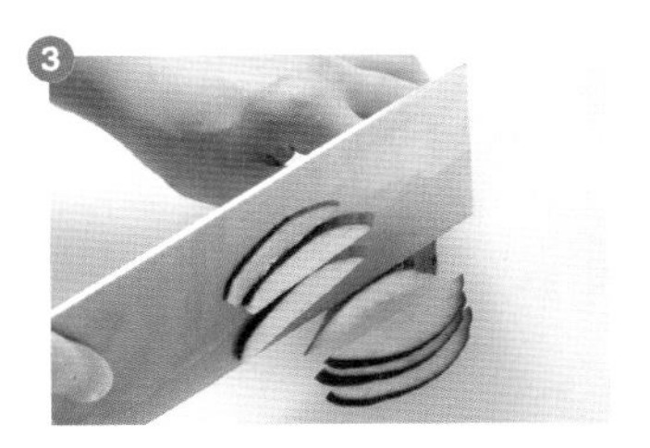

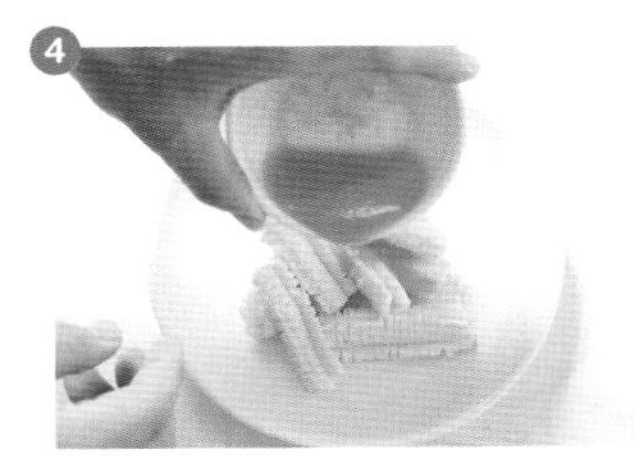

Key Point

- 썰어 놓은 오징어는 끓는 물에 데치고 다시 찬물에 식힌다.
- 겨자는 반드시 온수에 개어 발효시키고 소스를 만들기 전까지는 덮어 놓아 맛과 향이 날아가지 않도록 주의한다.
- 갑오징어는 오그라들지 않게 손질하고 너무 오래 삶지 않는다.

蕃茄는 토마토, 蝦仁은 작은 새우라는 뜻

새우케첩볶음

蕃茄蝦仁

요구 사항

- 새우 내장을 제거하시오.
- 당근과 양파는 1cm 정도 크기의 사각으로 써시오.

수험자 유의 사항

- 튀긴 새우는 타거나 설익지 않도록 한다.
- 녹말가루의 농도에 유의하여야 한다.

지급 재료

새우살 내장이 있는 것 200g, 진간장 15mL, 달걀 1개, 녹말가루(감자전분) 100g, 토마토케첩 50g, 청주 30mL, 당근 30g, 양파 중(150g 정도) 1/4개, 소금 정제염 2g, 백설탕 10g, 식용유 800mL, 육수 또는 물 100mL, 생강 5g, 대파 흰 부분(6cm 정도) 1토막, 이쑤시개 1개, 완두콩 10g

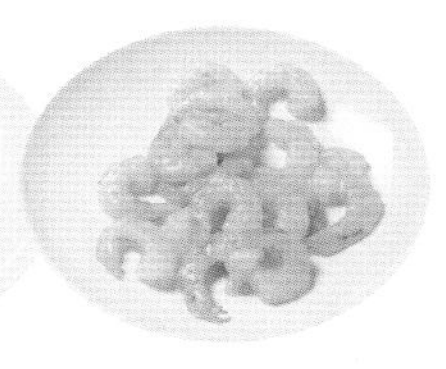

조리 방법

1 새우는 등에 있는 내장을 제거한 다음 잘 씻어 준비한다.

2 당근, 양파 등의 채소는 크기 1cm 정도의 굵은 편으로 썬다.

3 준비된 새우는 전분과 달걀을 넣고 잘 버무려 튀김옷을 입힌다. ❶

4 튀김옷에 버무려놓은 새우는 170℃의 기름에 2~3분간 튀긴다. ❷

5 팬에 당근, 양파 등의 채소와 케첩을 넣고 살짝 볶다가 청주를 넣고 물, 설탕을 넣고 끓인다. ❸, ❹

6 다시 물전분을 풀어서 걸쭉하게 되면 튀긴 새우를 넣고 버무린다. ❺, ❻

❶

❷

❸

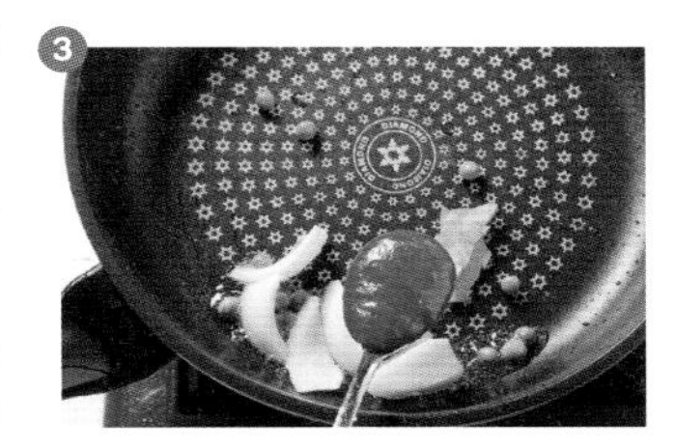

❹

❺

❺

Key Point

- 녹말가루에 미리 물을 부어 가루가 완전히 가라앉으면 웃물을 따라내어 된녹말을 만들어 사용한다.
- 새우는 완전히 익을 수 있도록 두 번 튀긴다(바삭하게).
- 채소는 색이 변하지 않도록 팬을 충분히 달군 후에 기름을 두르고 청주로 향을 낸 후에 채소를 넣어 볶는다.
- 튀김기름의 온도는 튀김옷을 한 방울 뿌려서 확인한다.

탕수는 糖醋의 중국 발음을 따온 것으로 설탕과 식초를 뜻하므로, 탕수육은 신맛과 단맛이 나는 고기요리라는 뜻

탕수육
糖醋肉

요구 사항

- 돼지고기는 길이를 4㎝ 정도로 하고 두께는 1㎝ 정도의 긴 사각형 크기로 써시오.
- 채소는 편으로 써시오.
- 튀김은 앙금녹말을 만들어 사용하시오.

수험자 유의 사항

- 소스 녹말가루 농도에 유의한다.
- 맛은 시고 단맛이 동일하여야 한다.

지급 재료

돼지등심 살코기 200g, 진간장 15mL, 달걀 1개, 녹말가루(감자전분) 200g, 식용유 800mL, 육수 또는 물 200mL, 식초 50mL, 백설탕 30g, 대파 흰 부분(6cm 정도) 1토막, 당근 30g, 완두 통조림 15g, 오이 가늘고 곧은 것(20cm 정도) 1/10개, 건목이버섯 2개, 양파 중(150g 정도) 1/4개, 청주 15mL

조리 방법

1 돼지고기는 기름과 힘줄 등을 제거하고 4cm X 1cm 정도로 썰어 청주, 간장을 조금 넣어 초벌 양념을 하고 달걀흰자와 전분을 넣고 튀김옷을 입힌다. ❶

2 당근, 오이, 대파, 생강은 편으로 썰고, 양파는 3~4cm 정도 삼각형으로 썬다.

3 목이버섯은 물에 담가 불려 놓는다.

4 튀김옷을 입힌 고기는 170℃의 기름에 하나씩 넣고 약 30초 정도 튀기다가 건져 낸다. ❷

5 건져 낸 고기를 국자나 주걱으로 툭툭 쳐서 붙어 있는 고기를 떼어낸 다음 다시 4~5분 정도 기름에 튀긴다.

6 팬에 대파, 생강을 볶다가 나머지 채소를 넣고 5초 정도 볶고 물을 1컵 넣고 간장, 설탕, 식초를 넣고 끓인다. ❸

7 물전분을 붓고 걸쭉하게 한 다음 튀긴 고기를 넣고 잘 섞어 낸다. ❹

❶

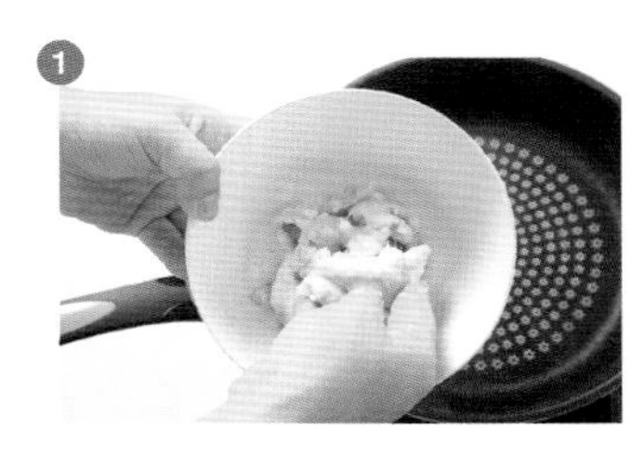

❷

❸

❹

Key Point

- 녹말가루에 미리 물을 부어 가루가 완전히 가라앉으면 웃물을 따라내어 된녹말(녹말즙)을 만들어 사용한다.
- 고기는 완전히 익도록 두 번 튀긴다.
- 팬을 충분히 달군 후에 기름을 두르고 간장, 청주로 향을 낸 후 오이를 맨 나중에 넣어 볶는다.

난자완스
南煎丸子

요구 사항

- 완자는 직경 4㎝ 정도로 둥글고 납작하게 만드시오.
- 채소 크기는 4㎝ 정도 크기의 편으로 써시오.(단, 대파는 3㎝ 정도)

수험자 유의 사항

- 완자는 갈색이 나도록 하여야 한다.
- 소스 녹말가루 농도에 유의한다

지급 재료

돼지등심 다진 살코기 200g, 마늘 중(깐 것) 2쪽, 대파 흰 부분(6cm 정도) 1토막, 소금 정제염 3g, 달걀 1개, 녹말가루(감자전분) 150g, 죽순 통조림(whole) 고형분 50g, 표고버섯 지름 5cm 정도(물에 불린 것) 2개, 생강 5g, 검은 후춧가루 1g, 청경채 1포기, 진간장 15mL, 청주 20mL, 참기름 5mL, 식용유 800mL, 육수 또는 물 200mL

조리 방법

1 죽순, 표고버섯, 청경채, 당근은 길이 4cm 편으로 썰고 파, 마늘, 생강은 잘게 편으로 썬다. ❶

2 돼지고기는 곱게 다져 청주, 간장, 후춧가루로 밑간하고 달걀과 녹말을 넣어 여러 번 치댄다. ❷

3 치댄 다음 지름 2.5cm 크기로 동그랗게 완자를 빚는다. ❸

4 팬에 식용유 2컵 정도를 붓고 기름의 온도가 120℃ 정도 되면 완자를 넣는다. ❹

5 완자 겉이 살짝 익으면 뒤집어 눌러가며 납작하게 모양을 만든다. 완자의 양쪽 모두 갈색이 날 때까지 튀긴다. ❺

6 팬에 식용유 2T을 넣고 파, 마늘, 생강을 5초 정도 볶다가 청주와 간장을 넣고 나머지 채소를 같이 볶아 준다.

7 1.5컵 정도의 육수를 넣고 간장, 소금, 후춧가루 등으로 간을 맞춘 다음 튀겨 놓은 완자를 넣고 1~2분 정도 졸인다.

8 물녹말을 조금 풀어서 걸쭉한 상태로 만든 다음 참기름을 넣는다. ❻

❶

❷

❸
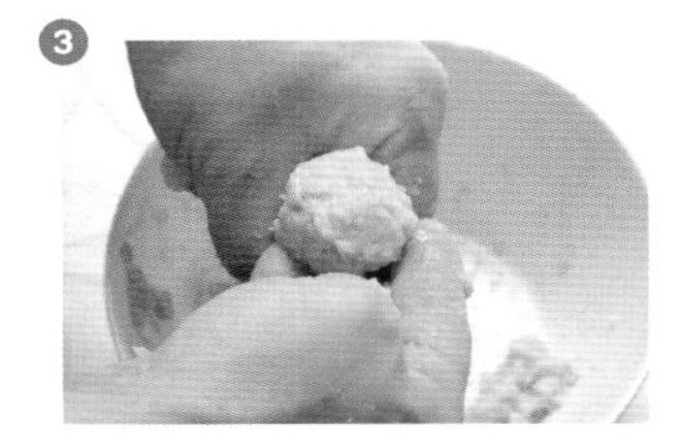

❹

❺

❻

Key Point

- 된녹말은 녹말가루 2큰술에 물 반 컵을 부어 녹말가루가 완전히 가라앉으면 웃물을 따라낸 녹말 앙금을 사용한다.
- 고기 반죽은 완자를 만들기 전에 5분 정도 그릇에 골고루 치대어 성형이 잘 되도록 한다.
- 완자의 모양은 둥글고 납작한 일정한 크기(4cm)로 만들어야 한다.

깐풍기
乾烹鷄

요구 사항

- 닭은 뼈를 발라낸 후 사방 3㎝ 정도 사각형으로 써시오.
- 닭을 튀기기 전에 튀김옷을 입히시오.

수험자 유의 사항

- 프라이팬에 소스와 혼합할 때 타지 않도록 하여야 한다.
- 잘게 썬 채소의 비율이 동일하여야 한다.

지급 재료

닭다리 중닭(1,200g짜리) 1개(허벅지살 포함), 진간장 15mL, 검은 후춧가루 1g, 청주 15mL, 달걀 1개, 백설탕 15g, 녹말가루(감자전분) 150g, 육수 또는 물 45mL, 식초 15mL, 마늘 중(깐 것) 3쪽, 대파 흰 부분(6cm 정도) 2토막, 청피망 중(75g 정도) 1/2개, 홍고추(생) 1개, 생강 5g, 참기름 5mL, 식용유 800mL, 소금 정제염 10g

조리 방법

1 닭고기 살은 사방 3cm 크기로 먹기 좋게 자른 다음 간장, 청주, 후춧가루를 넣고 밑간한다. ❶, ❷

2 홍고추, 대파, 마늘, 생강, 피망 등은 0.5cm 크기로 잘게 썰어 둔다. ❸

3 그릇에 육수, 식초, 간장, 굴소스, 설탕, 후춧가루, 참기름을 분량대로 넣고 잘 섞어 둔다. ❹

4 밑간한 닭고기에 달걀, 전분 등을 넣고 튀김옷을 입힌 다음 170℃의 기름에 3~4분 정도 튀긴다. ❺

5 팬에 식용유 2T을 넣고 썰어 놓은 채소를 넣어 10초 정도 볶다가 청주를 붓는다. ❻

6 튀긴 닭고기와 소스를 팬에 같이 넣고 빨리 섞어 낸다. ❼

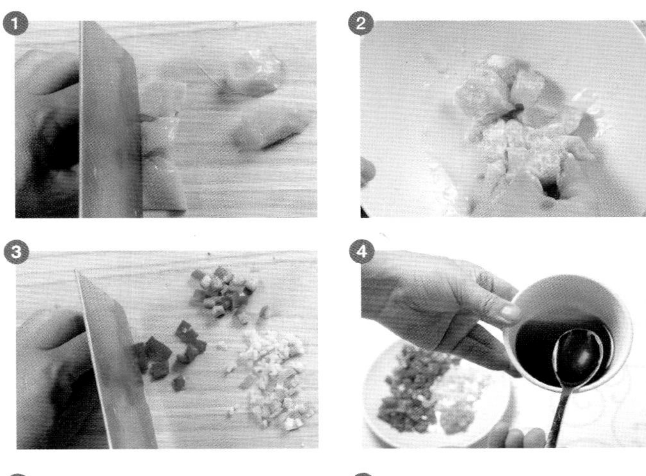

Key Point

- 고추기름은 지급재료 목록에 없으므로 유의한다.
- 깐풍기의 특징은 물기 없이 졸이는 것이다. 국물이 흐르거나 식당(호텔)에서 조리하듯이 전분을 넣으면 실격이다.

炒肉은 고기를 볶는다, 兩張은 두 장, 皮는 분피라는 뜻. 즉 두 장의 분피(양장피)와 잡채로 만든 요리로, 전채요리 또는 뜨거운 일반 요리로 구분함.

양장피잡채
炒肉兩張皮

요구 사항

- 양장피는 사방 4㎝ 정도로 하시오.
- 고기와 채소는 5㎝ 정도 길이의 채를 써시오.
- 겨자는 숙성시켜 사용하시오.

수험자 유의 사항

- 접시에 담아 낼 때 모양에 유의하여야 한다.
- 볶는 재료와 볶지 않는 재료의 분별에 유의하여야 한다.

지급 재료

양장피 1/2장, 돼지등심 살코기 50g, 양파 중(150g 정도) 1/2개, 조선부추 30g, 목이버섯 3개, 당근 30g, 오이 가늘고 곧은 것(20cm 정도) 1/3개, 달걀 1개, 진간장 5mL, 참기름 5mL, 겨자 10g, 식초 50mL, 백설탕 30g, 육수(물로 대체 가능) 30mL, 식용유 20mL, 새우살 소 50g, 갑오징어살(오징어 대체 가능) 50g, 건해삼 불린 것 60g, 소금 정제염 3g

조리 방법

1 겨자가루와 따뜻한 물을 1:1 분량으로 섞고 따뜻한 곳에서 10분 정도 발효시킨 다음 물 1T, 식초 1T, 설탕 1T 소금 1t을 넣어 겨자소스를 만든다.

2 새우와 오징어는 끓는 물에 데치고 달걀은 노른자와 흰자를 분리해 지단을 만든 다음 채 썬다. 당근과 오이도 채 썰어 접시에 돌려가며 담는다. ❶

3 양장피는 끓는 물에 삶아서 찬물에 헹군 다음 물기를 빼고 간장 1T, 참기름 1T을 넣고 버무린 후 접시 중앙에 담는다. ❷, ❸

4 고기는 채 썰고 간장 0.5t, 청주 0.5t을 넣고 초벌로 양념에 재운다.

5 목이버섯, 양파는 채 썰고 부추는 5cm 길이로 일정하게 썰어 따로 준비한다.

6 팬에 식용유 1T을 넣고 고기를 먼저 볶은 다음 채 썬 양파, 목이버섯을 볶는다. 소금으로 간하고, 부추를 넣어 약 5초간 볶은 후 참기름을 넣는다. ❹, ❺, ❻

7 6의 재료를 양장피 위에 올려준다.

8 겨자소스를 접시에 데코한 재료 위에 뿌려준다.

❶

❷
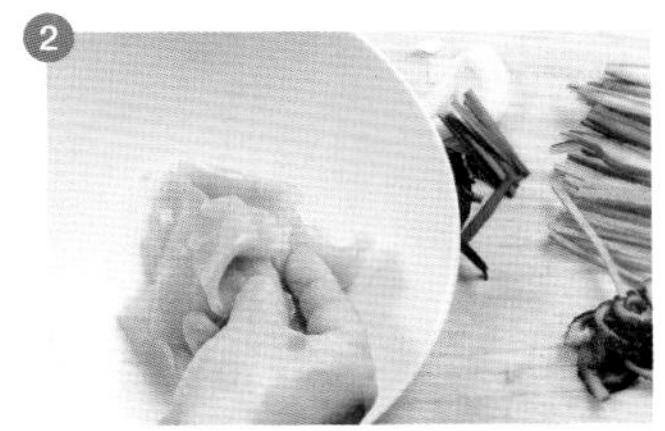

❸

❹

❺

❻

Key Point

- 양장피는 끓는 물에 담가 두었다가 찬물에 헹구어야 쫄깃쫄깃하다.
- 돼지고기는 결대로 얇게 썰어야 부서지지 않는다.
- 모든 채소는 가늘고 곱게 채 썬다. 당근은 살짝 데쳐 채 썰면 조리 시 편리하다.
- 겨자소스는 40℃ 이상의 따뜻한 물에 개어야 매운맛과 톡 쏘는 맛이 강하게 난다.

青椒는 청고추, 肉은 돼지고기, 絲는 채썬다는 뜻으로, 고추와 고기를 채로 썬 요리를 말함. 최근에는 고추 대신 피망을 주로 사용하고 붉은 피망을 약간 곁들이기도 함.

고추잡채
青椒肉絲

요구 사항

- 주재료 피망과 고기는 5cm 정도의 채로 써시오.
- 고기에 초벌 간을 하시오.

수험자 유의 사항

- 팬이 완전히 달구어진 다음 기름을 둘러 범랑처리(코팅)를 하여야 한다.
- 피망의 색깔이 선명하도록 너무 볶지 말아야 한다.

지급 재료

돼지등심 살코기 100g, 청주 5mL, 녹말가루(감자전분) 15g, 청피망 중(75g 정도) 1개, 달걀 1개, 죽순 통조림(whole) 고형분 30g, 건표고버섯 지름 5cm 정도(물에 불린 것) 2개, 양파 중(150g 정도) 1/2개, 참기름 5mL, 식용유 45mL, 소금 정제염 5g, 진간장 15mL

조리 방법

1 피망은 반을 자르고 씨를 제거한 다음 채 썰고 표고버섯, 죽순, 양파 등도 채 썬다.

2 돼지고기는 채 썰어 청주, 간장으로 밑간한 다음 녹말, 달걀흰자를 넣고 잘 버무린다. ❶

3 팬에 기름 2T을 두르고 고기를 넣어 볶는다. ❷

4 3에 양파를 넣어 살짝 볶고 나머지 채소를 넣은 후, 소금으로 간을 한다. ❸, ❹

5 30초 정도 볶은 다음 참기름을 넣고 접시에 담는다.

❶

❷

❸

❸

Key Point

- 돼지고기는 반드시 고기의 결대로 썰되 너무 얇거나 두껍게 썰면 안 되고 채소와 동일하게 썬다.
- 채소류는 너무 오래 볶지 않고 센 불에 재빨리 볶아야 하며 볶는 순서에 주의한다.
- 고기가 서로 달라붙지 않게 익힌다.

炒는 볶음의 조리 용어이고, 蔬菜는 채소라는 뜻

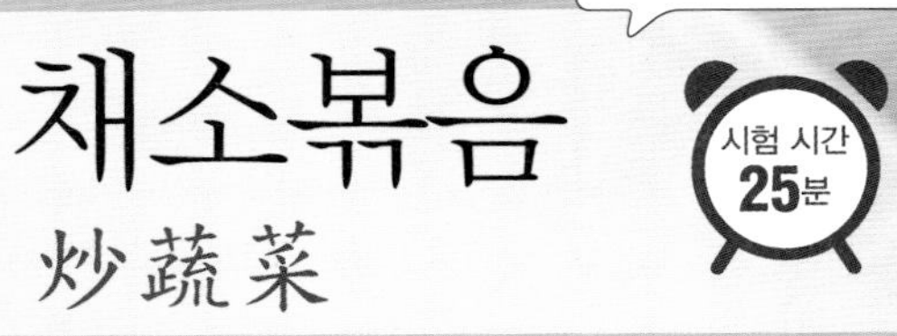

채소볶음
炒蔬菜

요구 사항

- 모든 채소는 길이 4cm 정도의 편으로 써시오.
- 대파, 마늘, 생강을 제외한 모든 채소는 끓는 물에 살짝 데쳐서 사용하시오.

수험자 유의 사항

- 팬에 붙거나 타지 않게 볶아야 한다.
- 재료에서 물이 흘러나오지 않게 색을 살려야 한다.

지급 재료

청경채 1개, 대파 흰 부분(6cm 정도) 1토막, 당근 50g, 죽순 통조림(whole) 고형분 30g, 청피망 중(75g 정도) 1/3개, 건표고버섯 지름 5cm 정도(물에 불린 것) 2개, 식용유 45mL, 소금 정제염 5g, 진간장 5mL, 청주 5mL, 참기름 5mL, 육수 또는 물 50mL, 마늘 중(깐 것) 1쪽, 흰후춧가루 2g, 생강 5g, 샐러리 30g, 양송이 통조림(whole) 양송이 큰 것 2개, 녹말가루(감자전분) 20g

조리 방법

1 생강, 대파, 마늘은 편으로 썬다.

2 당근, 죽순, 표고버섯, 피망은 길이 4cm의 편으로 썰어 끓는 물에 소금과 식용유를 조금씩 넣고 데친 다음 건져 물기를 빼준다. ❶, ❷

3 팬에 식용유 1T을 넣고 대파, 마늘, 생강을 넣어 볶는다.

4 청주, 간장을 넣고 데친 나머지 채소를 넣어 볶은 다음 소금, 육수를 넣고 간을 한다. ❸

5 물녹말을 조금 풀어서 걸쭉한 상태로 만들고 참기름을 넣어 마무리한다. ❹

❶

❷

❸

❹

Key Point

- 물기가 없게 하고 물녹말을 조금만 넣는다.
- 모든 채소는 일정한 크기로 썬다.
- 단단한 채소는 먼저 끓는 물에 살짝 데쳐서 볶아야 색상이 퇴색되지 않는다.
- 볶음요리는 단시간 내에 강한 불에서 재빨리 볶아야 한다.

달걀탕
蛋花湯

시험 시간 20분

요구 사항

- 대파와 표고, 죽순은 4cm 정도의 채로 써시오.
- 수프의 색이 혼탁하지 않게 하시오.

수험자 유의 사항

- 달걀이 뭉치지 않게 풀어 익힌다.
- 녹말가루의 농도에 유의 하여야 한다.

지급 재료

달걀 1개, 대파 흰 부분(6cm 정도) 1토막, 진간장 15mL, 건표고버섯 지름 5cm 정도(물에 불린 것) 1개, 죽순 통조림(whole) 고형분 20g, 팽이버섯 10g, 육수 또는 물 450mL, 소금 정제염 4g, 흰 후춧가루 2g, 녹말가루(감자전분) 15g, 참기름 5mL, 돼지등심 살코기 10g, 건해삼 불린 것 20g

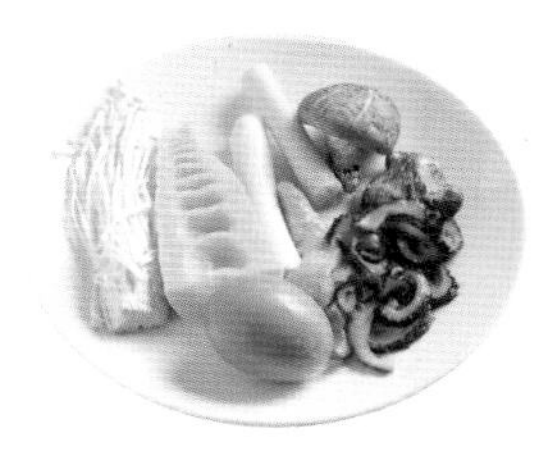

조리 방법

1 달걀은 그릇에 깨서 잘 풀어 놓는다.

2 죽순, 표고버섯, 대파를 길이 4cm가 되도록 채 썰어 준비한다. ❶

3 팬에 청주, 물을 붓고 간장, 소금, 후춧가루 등으로 간을 한다.

4 썰어 놓은 죽순, 표고버섯, 팽이버섯, 해삼을 넣고 끓인다.

5 끓으면 불을 줄인 다음 물전분을 풀어서 걸쭉하게 한다.

6 달걀을 서서히 풀어서 끓어 올라오면 참기름을 넣고 그릇에 담는다. ❷, ❸, ❹, ❺

7 위에 대파를 올린다.

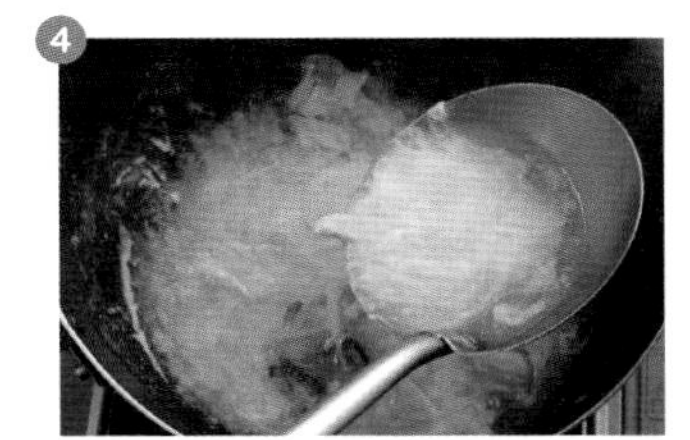

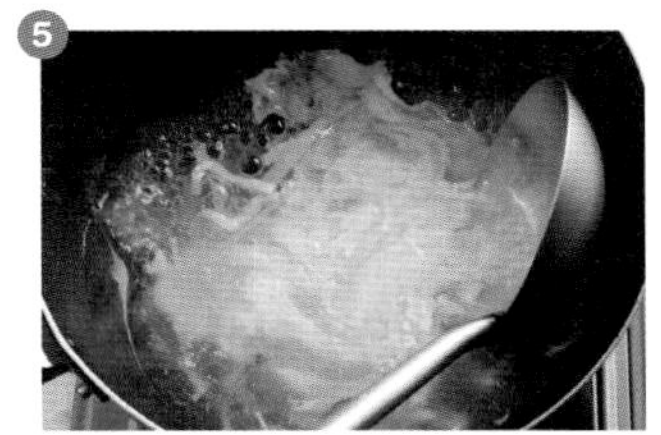

Key Point

■ 달걀을 풀 때 뭉치지 않도록 해야 하며 달걀이 익으면 불을 곧바로 끈다.

■ 물녹말로 농도를 맞춘 후 달걀을 푼다.

짜춘권

炸春捲

요구 사항

- 작은 새우를 제외한 채소는 길이 4cm 정도로 써시오.
- 지단에 말이 할 때는 지름 3cm 정도 크기의 원통형으로 하시오.
- 짜춘권은 길이 3cm 정도 크기로 8개 만드시오.

수험자 유의 사항

- 새우의 내장을 제거하여야 한다.
- 타지 않게 튀겨 썰어 내어야 한다.

지급 재료

돼지등심 살코기 50g, 작은 새우살 내장이 있는 것 30g, 건해삼 불린 것 20g, 양파 중(150g 정도) 1/2개, 조선부추 30g, 건표고버섯 지름 5cm정도(물에 불린 것) 2개, 녹말가루(감자전분) 15g, 진간장 10mL, 소금 정제염 2g, 검은 후춧가루 2g, 참기름 5mL, 달걀 2개, 밀가루 중력분 20g, 식용유 800mL, 죽순 통조림(whole) 고형분 20g, 대파 흰 부분(6cm 정도) 1토막, 생강 5g, 청주 20mL

조리 방법

1 달걀을 깬 다음 물전분(전분 1T, 물 1T)을 넣고 잘 섞어서 지단을 만든다. ❶, ❷

2 새우는 등에 있는 검은 내장을 빼고 돼지고기는 가늘게 채 썬다. 양파, 표고버섯도 같은 크기로 채 썰고 부추는 5cm 길이로 일정하게 썬다.

3 채 썬 고기와 새우는 녹말 3g을 넣고 잘 버무린다.

4 팬에 기름 2T을 두르고 새우와 고기를 먼저 볶다가 어느 정도 익으면 청주, 간장을 넣고 부추를 제외한 나머지 채소를 넣고 볶는다. ❸

5 부추, 후춧가루 등을 넣고 간을 한 다음 참기름을 넣고 잘 섞어 그릇에 담아 약간 식혀 놓는다.

6 지단 위에 미리 볶아 놓은 재료를 올리고 김밥 말듯이 손으로 돌돌 말다가 중간쯤에서 양 끝을 접어 말아 준다. ❹

7 밀가루와 물을 섞어 풀을 만든 후 지단 끝이 풀리지 않도록 발라 마무리한다.

8 팬의 식용유가 160~170℃가 되면 지단을 넣어 약간 갈색이 날 때까지 튀긴다. ❺

9 튀겨 낸 달걀말이를 꺼내 3cm 길이로 썰어서 접시에 담는다.

❶

❷

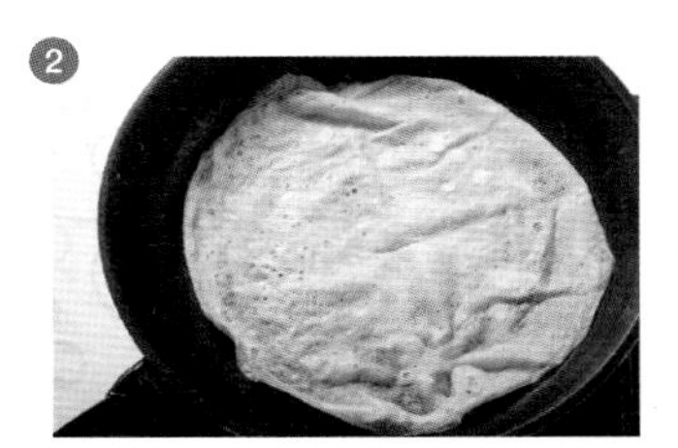

❸

❹

❺

Key Point

- 지단을 부칠 때 물녹말과 소금을 약간 넣어 부친다.
- 속재료의 길이는 4cm 정도로 썬다.
- 끝이 떨어지지 않도록 완전히 붙여야 한다.
- 반드시 튀김 용기에 기름을 붓고 튀겨야 한다.

마파두부
麻婆豆腐

요구 사항	수험자 유의 사항
• 두부는 1.5cm 정도의 주사위 모양으로 써시오. • 두부가 차지 않게 하시오.	• 두부가 으깨어지지 않아야 한다. • 녹말가루 농도에 유의하여야 한다.

지급 재료

두부 150g, 마늘 중(깐 것) 2쪽, 생강 5g, 대파 흰 부분(6cm 정도) 1토막, 홍고추(생) 1개, 두반장 10g, 검은 후춧가루 5g, 돼지등심 다진 살코기 50g, 육수 또는 물 100mL, 백설탕 5g, 녹말가루(감자전분) 15g, 참기름 5mL, 식용유 20mL, 진간장 10mL, 고춧가루 15g

조리 방법

1 두부는 사방 1.5cm 크기의 네모꼴로 썬다.

2 생강은 곱게 다지고 대파, 마늘, 고추는 사방 0.5cm로 잘게 썰어 놓는다.

3 다진 돼지고기는 간장, 후춧가루로 양념하고 썰어 놓은 두부는 끓는 물에 데쳐 놓는다. ❶

4 팬에 식용유를 넣고 파, 마늘, 생강, 돼지고기를 볶다가 썰어 놓은 고추를 넣고 살짝 더 볶은 후 두반장 1T, 고추가루 1T을 넣고 볶는다.

5 청주, 간장을 넣고 물을 부은 뒤 소금, 후춧가루, 설탕 등으로 양념하고 두부를 넣고 살짝 조린다. ❷

6 물전분을 천천히 부어가며 골고루 잘 섞는다. ❸

❶

❷

❸

Key Point

- 두부는 끓는 물에 살짝 데쳐서 사용한다.
- 두부는 으깨어지지 않게 네모반듯하게 썬다.
- 대파와 홍고추는 송송 썰고 마늘은 다져 놓는다.
- 고추기름은 팬에 식용유 3큰술을 넣고 끓으면 고춧가루 2큰술을 넣어 식용유에 고춧가루가 배어 기름이 우러나오면 면보에 걸러 사용한다.

홍쇼두부
紅燒豆腐

요구 사항

- 두부는 사방 5cm, 두께 1cm 정도의 삼각형 크기로 써시오.
- 두부는 하나씩 붙지 않게 잘 튀겨 내고 채소는 편으로 써시오.

수험자 유의 사항

- 두부가 으깨지지 않게 갈색이 나도록 하여야 한다.
- 녹말가루 농도에 유의하여야 한다.

지급 재료

두부 150g, 돼지등심 살코기 50g, 건표고버섯 지름 5cm 정도(물에 불린 것) 2개, 죽순 통조림(whole) 고형분 30g, 마늘 중(깐 것) 3쪽, 생강 5g, 진간장 15mL, 육수 또는 물 100mL., 녹말가루(감자전분) 10g, 청주 5mL, 참기름 5mL, 식용유 300mL, 청경채 1포기, 대파 흰 부분(6cm 정도) 1토막, 홍고추(생) 1개, 양송이 통조림(whole) 양송이 큰 것 2개, 달걀 1개

조리 방법

1 두부는 굵기 1cm 길이 4~5cm 삼각형으로 일정하게 썬다.

2 고기와 죽순, 표고버섯, 홍초를 편으로 썬다. 대파, 생강, 마늘은 잘게 편으로 썬다. ❶

3 청경채는 4~5cm 길이로 썰고, 두부는 기름에 노릇하게 튀긴다. ❷, ❸

4 팬에 기름 2T을 두르고 고기를 먼저 달달 볶다가 대파, 생강, 마늘을 넣고 5초 정도 같이 볶는다.

5 청주, 간장을 1T씩 넣고 썰어 놓은 나머지 채소도 같이 넣어 20초 정도 달달 볶는다. ❹

6 물 1컵을 넣고 소금, 후춧가루로 간한 후 튀김 두부도 넣어 살짝 졸인다. ❺

7 물전분을 넣어 걸쭉해질 때까지 풀어준 다음 참기름을 넣고 접시에 담는다.

❶

❷

❸

❹

❺
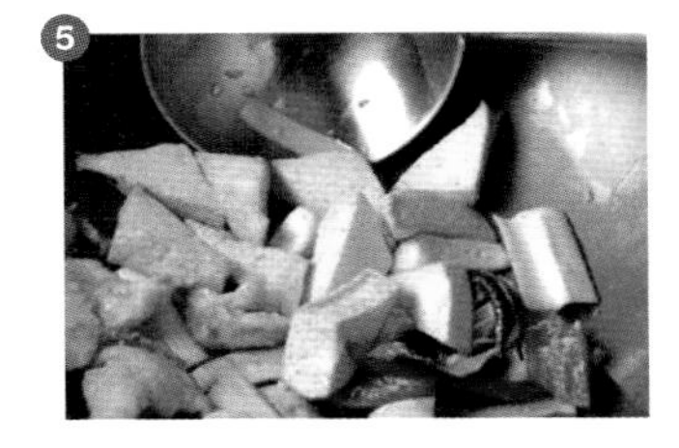

Key Point

- 모든 재료의 크기가 작지 않게 큼직하게 썬다.(요구사항의 크기에 맞게 썬다.)
- 두부는 160℃의 끓는 기름에 튀겨 낸다.
- 소스는 녹말가루의 농도에 유의하여야 한다.

水은 물, 餃子는 만두라는 뜻. 즉 물로 삶은 만두를 말함.

물만두
水餃子

요구 사항

- 만두피는 찬물로 반죽하시오.
- 만두피의 크기는 직경 6cm 정도로 하시오.
- 만두는 8개 만드시오.

수험자 유의 사항

- 만두 속은 알맞게 넣어 피가 찢어지지 않게 한다.
- 만두피는 밀대로 밀어서 만들어야 한다.

지급 재료

밀가루 중력분 150g, 돼지등심 살코기 50g, 조선부추 30g, 대파 흰 부분(6cm 정도) 1토막, 생강 5g, 소금 정제염 10g, 진간장 10mL, 청주 5mL, 참기름 5mL, 검은 후춧가루 3g

조리 방법

1 밀가루 100g에 소금 0.1T, 물 48g 정도를 부어 반죽한 다음 마르지 않게 놓아 둔다. ❶

2 생강과 대파는 곱게 다지고 부추는 0.3cm로 송송 썬다. ❷

3 그릇에 다진 돼지고기, 생강, 부추, 대파, 청주, 간장, 소금, 참기름을 넣고 잘 버무려 만두소를 준비한다. ❸

4 밀가루 반죽을 여러 번 치댄 후 돌돌 밀어 손가락 굵기로 길게 모양을 만든다. ❹

5 길게 만든 다음 1cm씩 손가락으로 뚝뚝 떼어 밀가루를 바닥에 뿌려 놓고 떼어 낸 부분을 손바닥으로 납작하게 눌러 준다.

6 납작해진 반죽을 지름이 약 5cm가 되도록 밀대로 민다. 이때 만두피 중앙이 약간 두툼해지도록 민다. ❺

7 만두피에 만두소를 한 스푼 정도 넣은 다음 손바닥에 올려 놓고 양쪽 엄지로 꾹꾹 눌러 만두를 만든다. ❻, ❼

8 만두를 10개 정도 만들고 끓는 물에 삶아 접시에 담고 마르지 않도록 물을 2T 정도 부어서 낸다.

❶

❷

❸

❹

❺

❻

❼

Key Point

- 만두소는 적당히 넣고, 찬물로 반죽한다.
- 만두피는 밀대를 이용하여 직경 6cm 정도로 민다.

拔絲는 실을 뽑는다, 玉米는 옥수수라는 뜻으로, 설탕으로 시럽을 만들어 실처럼 가늘게 만드는 조리법을 말함.

빠스옥수수
拔絲玉米

요구 사항

- 완자의 크기를 직경 3cm 정도 공 모양으로 하시오.
- 설탕시럽이 혼탁하지 않게 갈색이 나도록 하시오.
- 빠스옥수수는 6개 만드시오.

수험자 유의 사항

- 팬의 설탕이 타지 않아야 한다.
- 완자 모양이 흐트러지지 않아야 하며 타지 않아야 한다.

지급 재료

옥수수 통조림(고형분) 120g, 땅콩 7알, 밀가루 중력분 80g, 달걀 1개, 백설탕 50g, 식용유 500mL

조리 방법

1 옥수수는 물기를 뺀 후 살짝 다지고 땅콩은 껍질을 벗겨서 다져 놓는다.

2 옥수수에 땅콩, 달걀 노른자, 밀가루를 넣고 약간 되게 반죽을 한다. ❶

3 반죽한 옥수수를 지름 2.5cm 정도 크기의 완자를 만들어 165℃의 기름에 2분 정도 튀긴다. ❷, ❸, ❹

4 빈 접시에 기름을 미리 골고루 조금씩 발라 둔다.

5 팬에 식용유 2T, 설탕 3T를 넣고 중불에서 잘 저으면서 녹인 다음 튀긴 옥수수를 넣고 재빨리 섞는다. ❺, ❻

6 기름 바른 접시 위에 옥수수탕을 담고 젓가락으로 달라붙지 않게 떼어 놓은 다음 다른 접시에 담는다.

❶

❷

❸

❹

❺

❻

Key Point

- 옥수수를 튀길 때 타지 않도록 주의한다.
- 시럽(설탕)을 옥수수에 고루 묻혀서 젓가락으로 떼었을 때 가느다란 실이 생겨야 한다.
- 옥수수 반죽으로 직경 3cm의 작은 공 모양을 만든다.

해파리냉채

涼拌海哲皮

요구 사항

- 해파리에 염분을 없도록 하시오.
- 오이는 0.2cm × 6cm 정도 크기로 어슷하게 채를 써시오.

수험자 유의 사항

- 해파리는 끓는 물에 살짝 데친 후 사용하도록 한다.
- 냉채에 소스가 침투되게 하도록 하고 냉채는 함께 섞어 버무려 담는다.

지급 재료

해파리 150g, 오이 가늘고 곧은 것(20cm 정도) 1/2개, 마늘 중(깐 것) 3쪽, 식초 45mL, 백설탕 15g, 소금 정제염 7g, 참기름 5mL

조리 방법

1 해파리는 주물러 씻어 끓기 직전의 따뜻한 물로 살짝 데쳐 찬물에 담근다. ❶

2 물에 담긴 해파리는 손으로 잘 비벼 소금기를 빼 준 다음 다시 식초를 약간 탄 찬물에 담가 부드럽게 만든다. ❷

3 오이는 어슷하게 저며 채 썰고, 마늘은 곱게 다진다. ❸

4 그릇에 식초 2T, 설탕 1T, 소금 1/2t, 참기름 1t을 넣고 섞은 다음 다진 마늘을 넣고 소스를 만든다.

5 찬물에 불려 놓은 해파리는 물기를 뺀 다음 오이와 함께 섞는다.

6 접시에 해파리와 오이를 소복이 올려 놓는다.

7 해파리 위에 소스를 끼얹는다.

❶

❷

❸

Key Point

- 해파리는 흐르는 물에 담가 특유의 냄새를 없앤다.
- 해파리를 끓는 물에 살짝 데쳐서 바로 건진다.

라조기
辣椒鷄

시험 시간 30분

요구 사항

- 닭은 뼈를 발라낸 후 5cm × 1cm 정도의 길이로 써시오.
- 채소는 5cm × 2cm 정도의 길이로 써시오.

수험자 유의 사항

- 소스 농도에 유의한다.
- 채소 색이 퇴색되지 않도록 한다.

지급 재료

닭다리 중닭(1200g짜리, 허벅지살 포함) 1개, 죽순 통조림(whole) 고형분 50g, 건표고버섯 지름 5cm 정도(물에 불린 것) 1개, 홍고추(건) 1개, 양송이 통조림(whole) 양송이 큰 것 1개, 청피망 중(75g 정도) 1/3개, 청경채 1포기, 생강 5g, 대파 흰 부분(6cm 정도) 2토막, 마늘 중(깐 것) 1쪽, 달걀 1개, 진간장 30mL, 소금 정제염 5g, 청주 15mL, 녹말가루(감자전분) 100g, 고추기름 10mL, 식용유 900mL, 육수 또는 물 200mL, 검은 후춧가루 1g

조리 방법

1 닭고기는 뼈를 제거하고 길이 5cm, 굵기 1cm 크기로 썰어 간장, 청주, 후추를 넣어 밑간해 준비한다.

2 표고버섯, 죽순은 길게 편으로 썰고 고추는 씨를 빼낸 후 길게 편으로 썬다. 대파, 생강, 마늘도 편으로 썬다.

3 팬에 식용유를 가열해서 170℃의 온도에 맞춘다.

4 밑간해 둔 닭고기에 달걀, 전분 등을 넣고 튀김옷을 입혀서 식용유에 3분 정도 튀긴다. ❶, ❷

5 팬에 고추기름을 넣고 고추와 대파, 생강, 마늘을 넣어 향이 나도록 볶는다.

6 청주, 간장을 1큰술씩 넣고 나머지 채소를 넣어 10초 정도 볶다가 물을 부어 준다. ❸

7 소금, 후춧가루 등으로 간을 한 후 끓으면 물전분을 풀어서 살짝 걸쭉하게 만든다. ❹

8 튀긴 닭고기를 넣고 섞은 다음 참기름을 넣고 마무리한다.

❶

❷

❸

❹

Key Point

- 채소의 모양은 일정한 크기로 썰어야 한다.
- 채소는 표고, 죽순, 피망, 양송이, 청경채 순으로 볶는다.
- 닭은 밑간을 하고 바삭하게 튀겨 낸다.
- 녹말가루에 미리 물을 부어 녹말가루가 완전히 가라앉은 뒤 물을 따라내어 된녹말을 만들어 사용한다.
- 닭다리살은 요구사항에 따라 닭뼈를 제거하여 사용한다.

炒는 볶음의 조리용어, 韮菜는 부추라는 뜻. 부추는 아홉 번을 베어도 다시 자라기 때문에 九菜이라고도 함.

부추잡채
炒韮菜

시험 시간
20분

요구 사항
- 부추는 6cm 길이로 써시오.
- 고기는 0.3cm × 6cm 길이로 써시오.

수험자 유의 사항
- 채소의 색이 퇴색되지 않도록 한다.

지급 재료

중국부추(호부추) 150g, 돼지등심 살코기 50g, 달걀 1개, 청주 15mL, 소금 정제염 5g, 참기름 5mL, 식용유 30mL, 녹말가루(감자전분) 30g

조리 방법

1 고기는 길이 6cm 길이로 일정하게 썰고 청주, 간장 1t씩 넣고 초벌한 다음 달걀흰자와 전분을 넣고 버무린다. ❶, ❷

2 부추는 깨끗이 씻은 후 물기를 제거해 길이 6cm로 자르되 흰 부분과 파란 부분을 구분해 썰어 둔 다음 소금을 먼저 뿌려 놓는다.

3 팬에 식용유 3T을 두르고 가열한 다음 고기를 먼저 5초 정도 볶아 익힌다. ❸, ❹

4 청주를 넣고 부추의 흰 부분을 먼저 20~30초 정도 볶는다. ❺

5 다시 파란 부분을 넣고 5초 정도 더 볶다가 참기름을 넣고 접시에 담는다. ❻

Key Point

- 부추는 깨끗이 다듬어 흐르는 물에 잘 씻는다.
- 부추는 흰색 부분이 두꺼우므로 먼저 볶는다.
- 부추는 살짝 볶는다.
- 고기는 반드시 결대로 썰어야 한다.

拔絲는 실를 뽑는다, 地瓜는 고구마라는 뜻으로, 설탕으로 시럽을 만들어 실처럼 가늘게 만드는 조리법을 말함.

빠스고구마
拔絲地瓜

요구 사항

- 고구마는 껍질을 벗기고 먼저 길게 4등분을 내고, 다시 4cm 정도 길이의 다각형으로 돌려썰기 하시오.
- 튀김이 바삭하게 되도록 하시오.

수험자 유의 사항

- 시럽이 타거나 튀긴 고구마가 타지 않도록 한다.

지급 재료

고구마 300g 정도 1개, 식용유 1000mL, 백설탕 100g

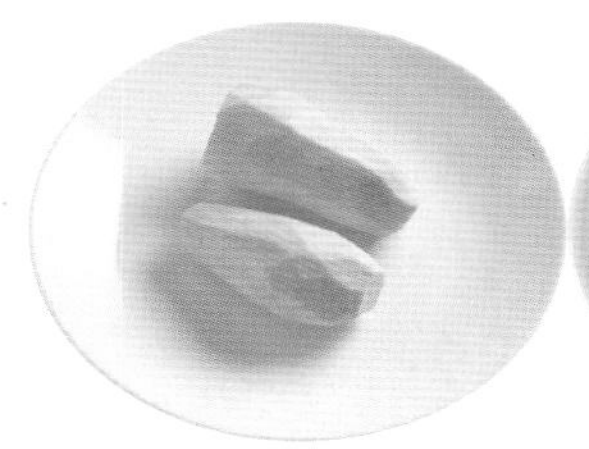

조리 방법

1 고구마는 껍질을 벗긴 다음 길이 4~5cm 크기의 다각형 모양으로 돌려 썬다.

2 빈 접시에 기름을 미리 골고루 조금씩 발라 둔다.

3 썬 고구마는 170℃의 기름에 노릇하게 2분 정도 튀겨 낸다. ❶

4 팬에 식용유 2T, 설탕 3T 정도를 넣고 중불에 가열하면서 시럽을 만든 다음 튀긴 고구마를 넣고 섞는다. ❷, ❸, ❹, ❺

5 시럽이 골고루 고구마에 묻으면 기름을 발라 놓은 접시에 담은 다음 달라붙지 않도록 식혀서 다른 접시에 담아 낸다. ❻

Key Point

■ 고구마는 튀길 때 타지 않도록 중간불로 속까지 익도록 저어 주면서 튀긴다.

■ 시럽(설탕)을 고구마에 고루 묻혀서 젓가락으로 떼었을 때 가느다란 실이 생겨야 한다.

京醬은 북경 지역의 소스, 즉 춘장, 肉絲는 채로 썬 돼지고기를 말함. 즉 돼지고기채를 썰어 춘장으로 볶은 요리라는 뜻.

경장육사
京醬肉絲

요구 사항

- 돼지고기는 길이 5cm 정도의 얇은 채로 써시오.
- 춘장은 기름에 볶아서 사용하시오.
- 대파채는 길이 5cm 정도로 어슷하게 채 썰어 매운맛을 빼고 접시 위에 담으시오.

수험자 유의 사항

- 돼지고기채는 고기의 결을 따라 썰도록 한다.
- 자장소스는 죽순채, 돼지고기채와 함께 잘 섞어져야 한다.

지급 재료

돼지등심 살코기 150g, 죽순 통조림(whole) 고형분 100g, 대파 흰 부분(6cm 정도) 3토막, 달걀 1개, 춘장 50g, 식용유 300mL, 백설탕 30g, 굴소스 30mL, 청주 30mL, 진간장 30mL, 녹말가루(감자전분) 50g, 참기름 5mL, 마늘 중(깐 것) 1쪽, 생강 5g, 육수 또는 물 30mL

조리 방법

1 돼지고기는 채 썰어서 청주, 간장으로 밑간하고 달걀흰자와 전분 1T을 넣고 잘 버무려 놓는다. ❶

2 죽순은 5cm 길이로 채 썰고 마늘과 생강은 다진다.

3 대파는 채를 썰어서 물에 담가 매운맛을 뺀 다음 접시에 담는다.

4 팬에 식용유 1컵 정도를 넣고 돼지고기채를 익혀서 걸러낸다.

5 팬에 식용유 2T을 넣고 다진 생강과 마늘, 춘장을 넣어 20초 정도 볶는다. ❷

6 청주, 간장 1T씩 넣고 죽순을 살짝 볶다가 물을 붓고 설탕, 굴소스, 후춧가루로 간을 한다. ❸

7 익힌 고기를 넣고 10초 정도 더 볶다가 물전분을 풀어 준 다음 참기름을 넣고 채 썬 대파 위에 올려 준다. ❹

❶

❷

❸

❹

Key Point

- 돼지고기채는 고기의 결을 따라 썬다.
- 짜장소스는 죽순채, 돼지고기채와 함께 잘 섞어야 한다. 너무 오래 볶지 않는다.

유니짜장면

肉泥炸醬麵

요구 사항

- 춘장은 기름에 볶아서 사용하시오.
- 양파, 호박은 0.5cm x 0.5cm 정도 크기의 네모꼴로 써시오.
- 중화면은 끓는 물에 삶아 찬물에 행군 후 데쳐 사용하시오.
- 삶은 면에 짜장소스를 부어 오이채를 올려 내시오.

수험자 유의 사항

- 면이 불지 않도록 유의한다.
- 짜장소스의 농도에 유의한다.

지급 재료

돼지등심 다진 살코기 50g, 중화면 생면 150g, 양파 중(150g 정도) 1개, 애호박 50g, 오이 가늘고 곧은 것(20cm 정도) 1/4개, 춘장 50g, 생강 10g, 진간장 50mL, 청주 50mL, 소금 10g, 백설탕 20g, 참기름 10mL, 녹말가루(감자전분) 50g, 식용유 100mL, 육수 또는 물 200mL

조리 방법

1 양파와 호박은 0.5 x 0.5cm 정도 크기의 네모꼴로 썰어 놓고, 생강은 곱게 다진다.

2 돼지고기도 다져서 준비한다.

3 팬에 먼저 3T의 기름을 넣고 생짜장을 넣고 타지 않게 볶아서 용기에 담아 낸다. ❶

4 다시 팬에 기름을 넣고 뜨거워지면 먼저 약간의 양파와 생강, 다진 고기를 넣고 볶다가 간장, 청주를 넣어 향을 낸다.

5 다진 고기가 익으면 다시 나머지 양파와 호박을 넣고 잘 익도록 고루 볶는다. ❷

6 고기와 채소가 충분히 익으면 미리 튀겨 낸 짜장을 넣고 여기에 소금, 설탕으로 간을 한다. ❸

7 짜장소스가 고루 채소에 묻어 볶아지면 여기에 육수를 적당히 붓고 물녹말로 걸쭉하게 풀어 참기름을 약간 친다. ❹

8 중화면은 끓는 물에 삶아 찬물에 헹구어 다시 뜨거운 물에 데쳐 그릇에 담는다. 짜장소스를 붓고, 오이를 채 썰어서 올려낸다.

❶

❷

❸

❹

Key Point

- 생짜장을 넣고 타지 않게 볶아서 용기에 담아 낸다.
- 짜장소스가 채소에 고르게 묻도록 볶아야 한다.
- 중화면은 끓는 물에 삶아 즉시 찬물에 헹구어야 하며 다시 뜨거운 물에 데쳐 그릇에 면을 따뜻하게 담아 놓는다.

울면
溫鹵麵

요구 사항

- 오징어, 돼지고기, 대파, 양파, 당근, 배추잎은 6cm 정도 길이로 채를 써시오.
- 중화면은 끓는 물에 삶아 찬물에 행군 후 데쳐 사용하시오.
- 소스는 농도를 잘 맞춘 다음, 달걀을 풀 때 덩어리지지 않게 하시오.

수험자 유의 사항

- 소스 농도에 유의한다.
- 건목이버섯은 불려서 사용한다.

지급 재료

중화면 생면 150g, 오징어 몸통 50g, 작은 새우살 20g, 돼지고기 길이 6cm 정도 30g, 조선부추 10g, 대파 흰 부분(6cm 정도) 1토막, 마늘 중(깐 것) 3쪽, 당근 길이 6cm 정도 20g, 배추잎 20g(1/2잎), 건목이버섯 1개, 양파 중(150g 정도) 1/4개, 달걀 1개, 진간장 5mL, 청주 30mL, 참기름 5mL, 소금 5g, 녹말가루(감자전분) 20g, 흰 후춧가루 3g, 육수 또는 물 500mL

조리 방법

1 오징어, 돼지고기, 대파, 양파, 당근, 배추잎은 6cm 정도 길이로 채 썬다.

2 마늘은 다지고 목이버섯은 물에 불려 4cm 크기로 뜯거나 썰고, 부추는 6cm 정도 길이로 썬다.

3 중화면은 끓는 물에 삶아 찬물에 헹구어 다시 뜨거운 물에 데쳐 그릇에 담아 놓는다.

4 팬에 물을 붓고 간장, 청주를 넣어 끓으면 모든 재료를 넣고 소금 간을 한다. ❶

5 물이 끓으면 물녹말을 풀어 걸쭉하게 만들고 달걀을 푼다. ❷, ❸

6 후춧가루와 참기름을 넣어 소스를 완성한 후 면 위에 붓는다.

❶

❷

❸

Key Point

■ 중화면은 끓는 물에 삶아 즉시 찬물에 헹구어야 하며 다시 뜨거운 물에 데쳐 그릇에 면을 따뜻하게 담아 놓는다.

새우완자탕
蝦丸子湯

요구 사항

- 새우는 내장을 제거하고 다져서 사용하시오.
- 완자는 새우살과 달걀흰자, 녹말가루를 이용하여 2cm 정도 크기로 6개 만드시오.
- 모든 채소는 3cm 정도 크기 편으로 써시오.
- 국물은 맑게 하고, 양은 300mL 정도 내시오.

수험자 유의 사항

- 완자는 새우살을 잘 치대어 부드럽게 만들어야 한다.
- 완자를 만들 때 손이나 수저로 하나씩 떼어서 삶아 익히도록 한다.

지급 재료

작은 새우살 100g, 달걀 1개, 청경채 1포기, 양송이 통조림(whole) 양송이 큰 것 1개, 대파 흰 부분(6cm 정도) 1토막, 죽순 통조림(whole) 고형분 50g, 생강 5g, 진간장 10mL, 청주 30mL, 소금 10g, 검은 후춧가루 5g, 참기름 10mL, 녹말가루(감자전분) 30g, 육수 또는 물 400mL

조리 방법

1 새우살은 곱게 다진 다음 다진 생강, 소금 조금, 달걀흰자, 전분을 넣고 1분 이상 잘 치댄다.

2 양송이, 죽순, 청경채는 길이 3cm 정도 편으로 썰고 대파는 동글게 송송 썬다.

3 치댄 새우살로 동그랗게 2cm 정도 크기의 완자를 빚어 끓는 물에 삶는다. ❶, ❷, ❸

4 새우살 삶은 물을 거즈에 걸러 냄비에 붓고 청주, 간장, 소금, 후춧가루를 넣고 썰어 놓은 채소를 같이 끓인다.

5 끓으면 완자와 참기름을 넣고 그릇에 담는다. ❹

6 위에 대파를 올려 놓는다.

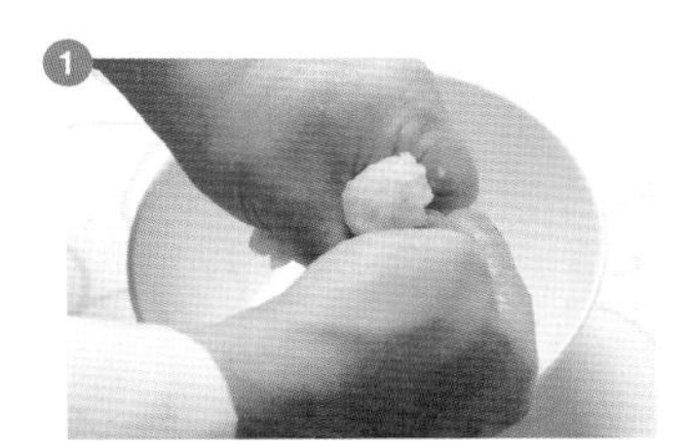

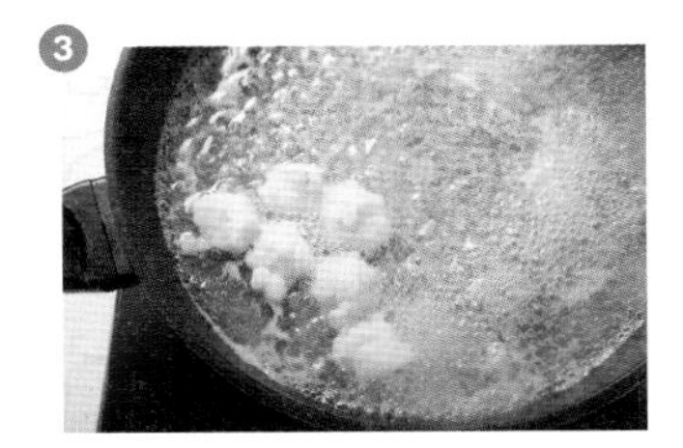

Key Point

■ 새우살은 곱게 다진 다음 다진 생강, 소금, 달걀흰자, 전분을 넣고 2분 정도 세게 치며 잘 치대야 완자가 풀어지지 않는다.

당수는 糖醋의 중국 발음을 딴 것으로 설탕과 식초를 뜻함.

탕수생선살

糖醋魚塊

요구 사항

- 생선살은 1cm x 4cm 크기로 썰어 사용하시오.
- 채소는 편으로 썰어 사용하시오.

수험자 유의 사항

- 튀긴 생선은 바삭함이 유지되도록 한다.
- 소스 녹말가루의 농도에 유의한다.

지급 재료

흰생선살 껍질 벗긴 것(동태 또는 대구) 150g, 당근 30g, 오이 1/6개, 완두콩 20g, 파인애플 통조림 1쪽, 건목이버섯 2개, 녹말가루(감자전분) 200g, 식용유 600mL, 식초 60mL, 설탕 100g, 진간장 30mL, 달걀 1개, 육수 300mL

조리 방법

1 생선살은 4cm X 1cm 정도로 썬 다음 달걀흰자와 전분을 넣고 튀김옷을 입힌다.

2 당근, 오이는 편으로 썰고, 파인애플은 4등분하고 목이버섯은 물에 담가 불려서 먹기 좋은 크기로 자른다.

3 튀김옷을 입힌 생선살을 170℃의 기름에 하나씩 넣고 4분 정도 튀겨낸다. ❶

4 팬에 물 1컵을 넣고 썬 채소와 간장, 설탕, 식초를 넣고 끓인다. ❷

5 물전분을 붓고 걸쭉하게 한 다음 튀긴 생선살을 넣고 잘 섞어 낸다. ❸, ❹, ❺

❶

❷

❸

❹

❺

Key Point

■ 물전분을 붓고 걸쭉하게 한 다음 튀긴 생선살을 넣고 센 불에서 재빨리 섞어 낸다.

새우볶음밥
蝦仁炒飯

지급 재료

불린 쌀 150g, 작은 새우살 30g, 달걀 1개, 양파 20g, 대파 20g, 당근 20g, 청피망 40g, 식용유 3큰술, 소금 1t

조리 방법

1 밥은 고슬고슬하게 짓는다.

2 양파, 당근, 대파, 청피망은 0.5cm x 0.5cm로 썬다.

3 새우는 내장을 제거하고 데친다.

4 팬에 식용유를 넣고 먼저 달걀을 부드럽게 볶아 익힌다. ❶, ❷

5 4에 밥을 넣고 기름이 골고루 돌도록 볶는다. ❸, ❹

6 썰어 놓은 야채와 새우를 넣고 잘 섞이게 볶는다. ❺, ❻

Key Point

■ 팬에 식용유를 넣고 달걀을 양식 '스크램블드 에그'를 하듯이 부드럽게 볶아 익힌다.

증교자
蒸餃

지급 재료

돼지등심 50g, 중력분 150g, 부추 30g, 대파 반 토막, 생강 2g, 소금 1st, 진간장 1t, 청주 1T, 굴소스 1T, 참기름 1t

조리 방법

1 중력분 70g에 소금 1st, 뜨거운 물 32g을 넣고 익반죽을 만들어서 잘 치대 놓는다.

2 돼지고기는 다진 생강을 넣고 청주, 물, 간장, 굴소스, 참기름을 넣고 잘 섞는다.

3 잘게 썬 부추, 대파를 넣고 같이 버무려서 만두소를 만든다.

4 반죽을 긴 원형으로 만들어서 손으로 떼어낸다.

5 잘라낸 반죽을 마른 밀가루를 묻혀서 살짝 누른 다음 밀대로 납작하게 밀어 준다.

6 8cm 정도 지름으로 납작하게 밀어서 만두피를 만든다. ❶

7 만두피에 만두소를 넣고 찐만두 모양의 주름을 만들어 낸다. ❷, ❸, ❹

8 만들어 낸 만두는 딤섬 냄비에서 스팀으로 찐다.

❶
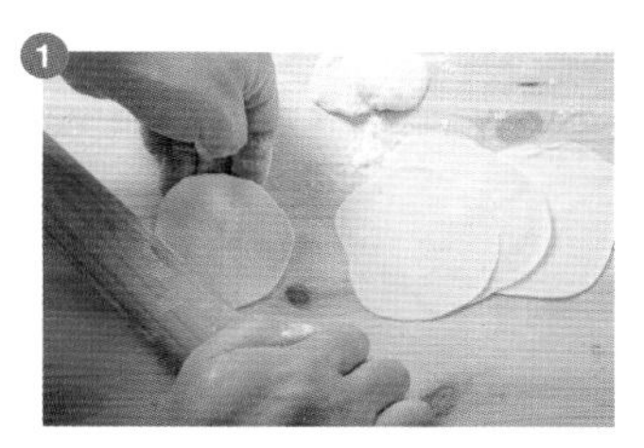

❷
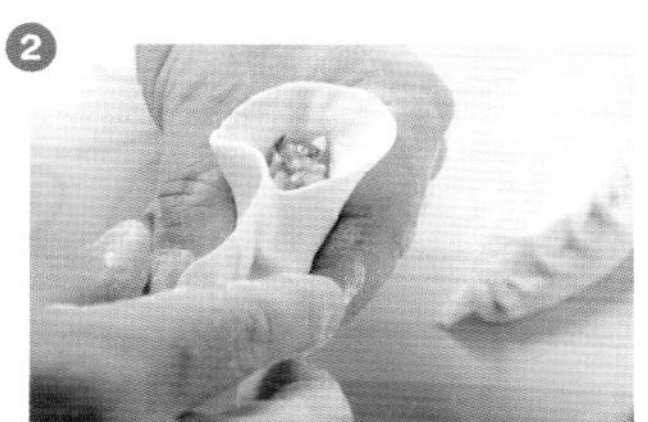

❸

❹
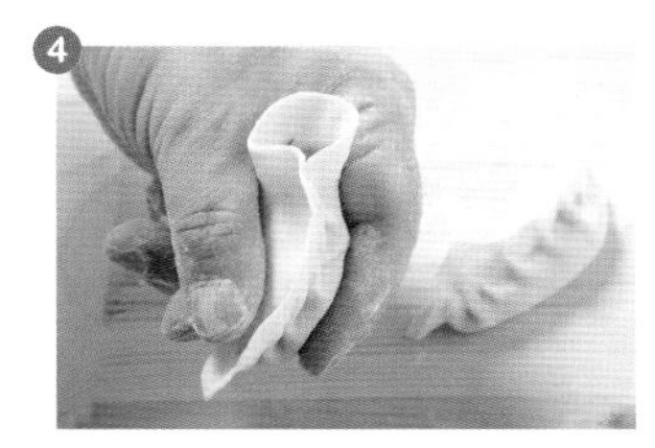

Key Point

■ 만두피에 만두소를 넣고 찐만두 모양의 주름을 만들어 낸다.

저자 소개

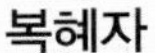

복혜자

고려대학교 이학박사
조리기능장
경동대학교, 배화여자대학교 겸임교수
고려대학교, 세종대학교, 경기대학교 강사

여경옥

경기대학교 박사
조리기능장
혜전대학교, 경기대학교, 배화여자대학교 겸임교수
롯데호텔 중식당 대표이사

정순영

숙명여자대학교 이학박사
조리기능장
장안대학교 식품영양과 전임교수
호원대학교 교수
종로요리학원 대표

전혜경

동의대학교 외식산업경영학 박사
조리기능장, WACS 국내심사위원
동의대학교 외식산업경영학과 겸임교수
부산광역시 여성회관 조리과 강사

이수정

영산대학교 호텔관광경영학과 박사과정
조리기능장
전 호원대학교, 신안산대학교, 메이필드호텔학교 외래교수
서울호텔관광전문학교 호텔조리과 전임교수
롯데호텔, 로얄호텔 sus chef, 스테이세븐호텔 chef
홍콩LA팜스다이닝, 지산리조트 총주방장

김경애

동의대학교 외식경영학 석사
조리기능장, 영양사
한국조리사회 부산지회 부회장
창원문성대학 호텔외식조리과 겸임교수
부산광역시 여성회관 조리과 강사

김을순

영산대학교 조리예술학과 석사
조리기능장
한국조리사회 중식발전연구회 감사
부산여자대학교 호텔외식조리학과 겸임교수
왕짜장 대표

김병숙

강원관광대학 식품영양학 전공
조리기능장
한국음식관광박람회 떡·통과의례부문 대상 수상
세경대학교 강사
세명요리제과제빵학원 원장

양성진

동의대학교 외식산업경영학과 박사과정
장유동경요리제과제빵 학원장
한국음식관광협회 이사
세계음식문화협회 이사
대경대학교 호텔조리학과 겸임교수

서정효

경성대학교 외식경영학과 석사과정
2013 서울국제요리대회 북한음식부문 '금상' 수상 외
가야요리나라조리학원 강사
떡·한과연구회 '떡선재' 연구위원
한국전통음식문화연구회 연구위원

최신 중국요리

2015년 3월 11일 초판 인쇄 | 2015년 3월 18일 초판 발행

지은이 복혜자 외 | **펴낸이** 류제동 | **펴낸곳** **교문사**

편집부장 모은영 | **표지디자인** 김재은 | **본문 디자인·편집** 아트미디어
제작 김선형 | **홍보** 김미선 | **영업** 이진석·정용섭 | **출력·인쇄** 교보피앤비 | **제본** 한진제본

주소 (413-120)경기도 파주시 문발로 116 | **전화** 031-955-6111 | **팩스** 031-955-0955
홈페이지 www.kyomunsa.co.kr | **E-mail** webmaster@kyomunsa.co.kr
등록 1960. 10. 28. 제406-2006-000035호
ISBN 978-89-363-1452-1(93590) | 값 16,000원

* 저자와의 협의하에 인지를 생략합니다.
* 잘못된 책은 바꿔 드립니다.